7.4 球磨川豪雨災害はなぜ起こったのか

ダムにこだわる国・県の無作為が
住民の命を奪った

「7.4球磨川豪雨災害はなぜ起こったのか」
編集委員会
編
［監修］中島熙八郎

花伝社

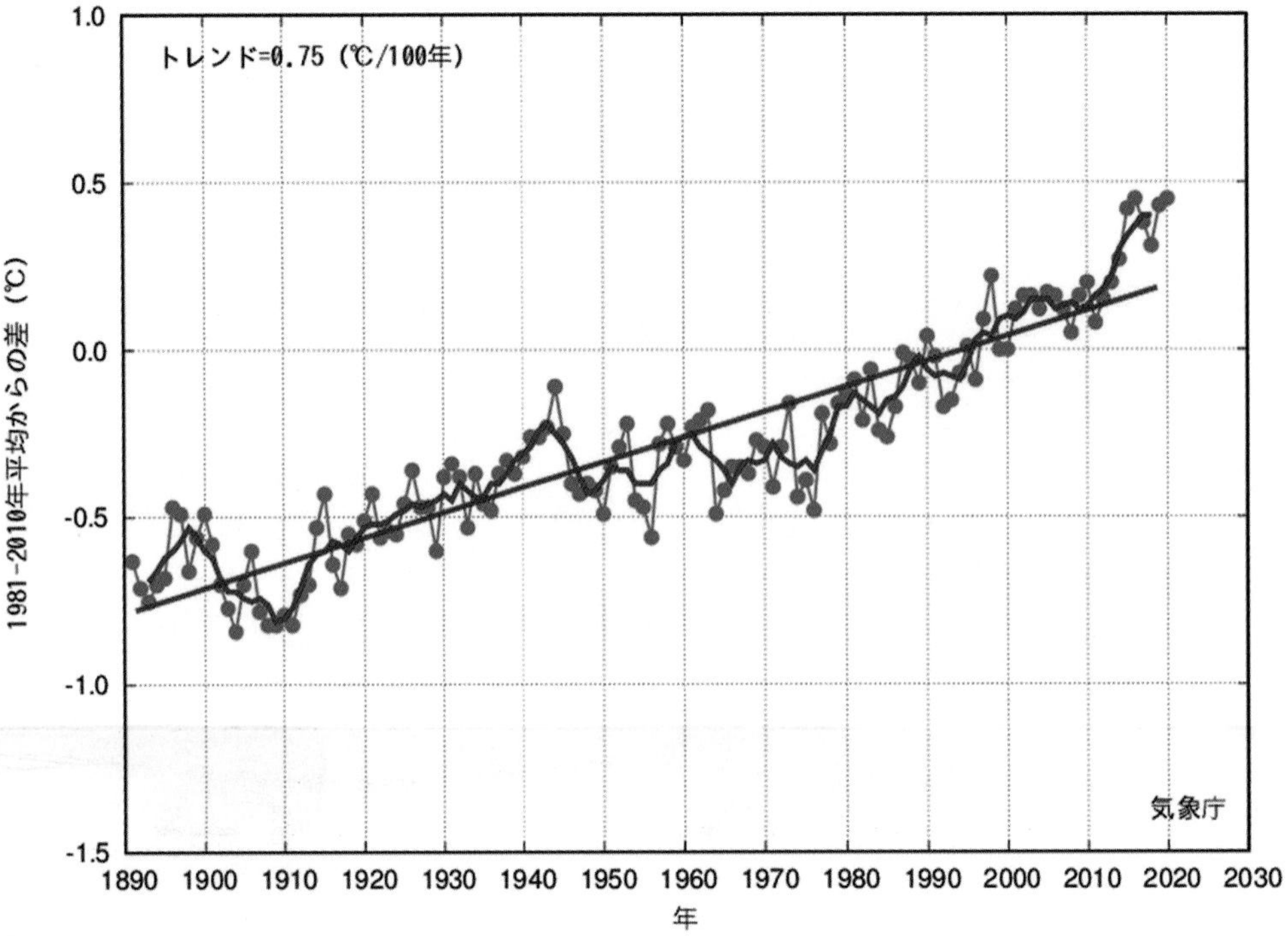

図1　世界の年平均気温偏差の変化（1890 ～ 2020 年）
出典：気象庁 HP

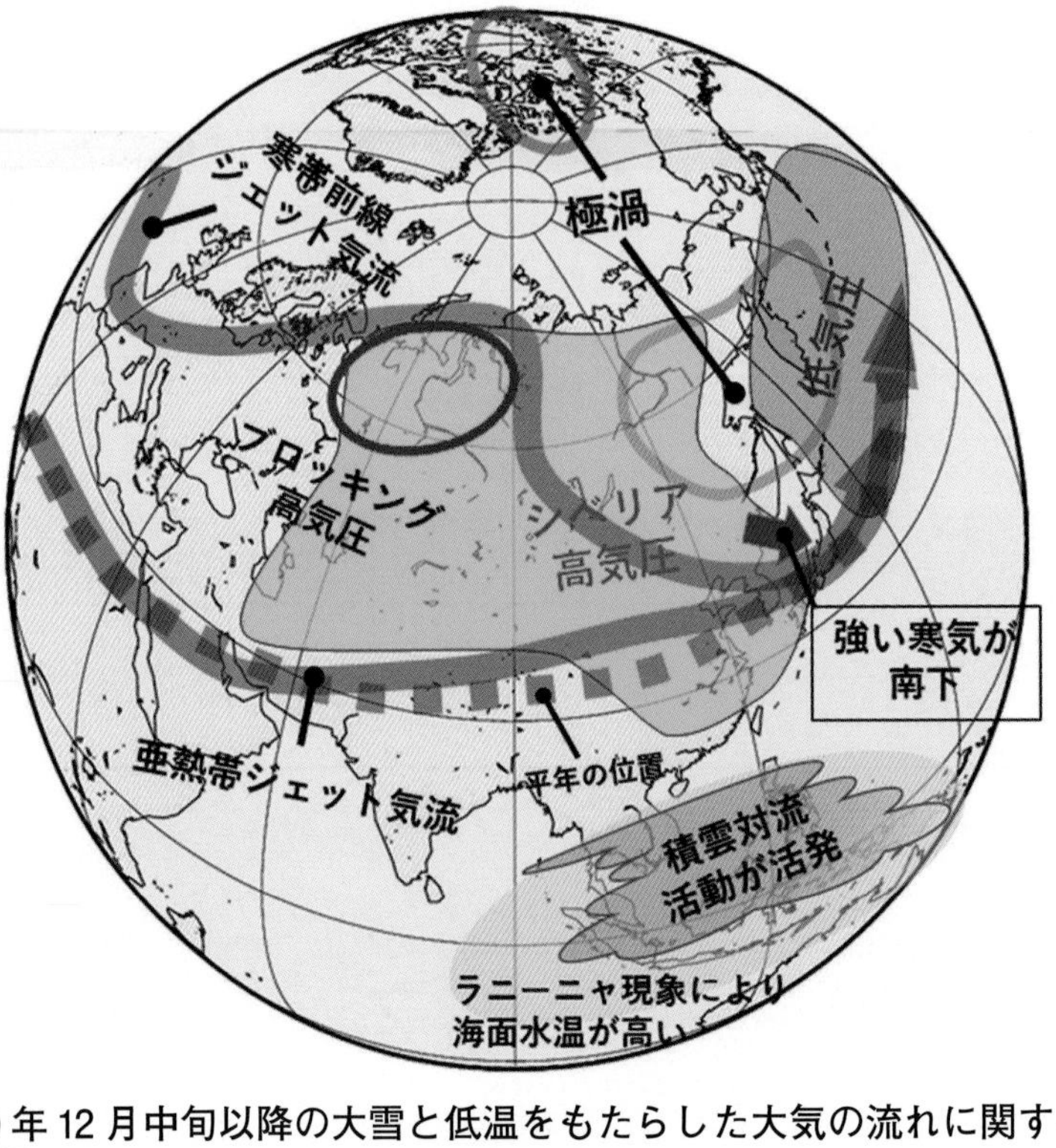

図2　2020 年 12 月中旬以降の大雪と低温をもたらした大気の流れに関する模式図
出典：気象庁 HP

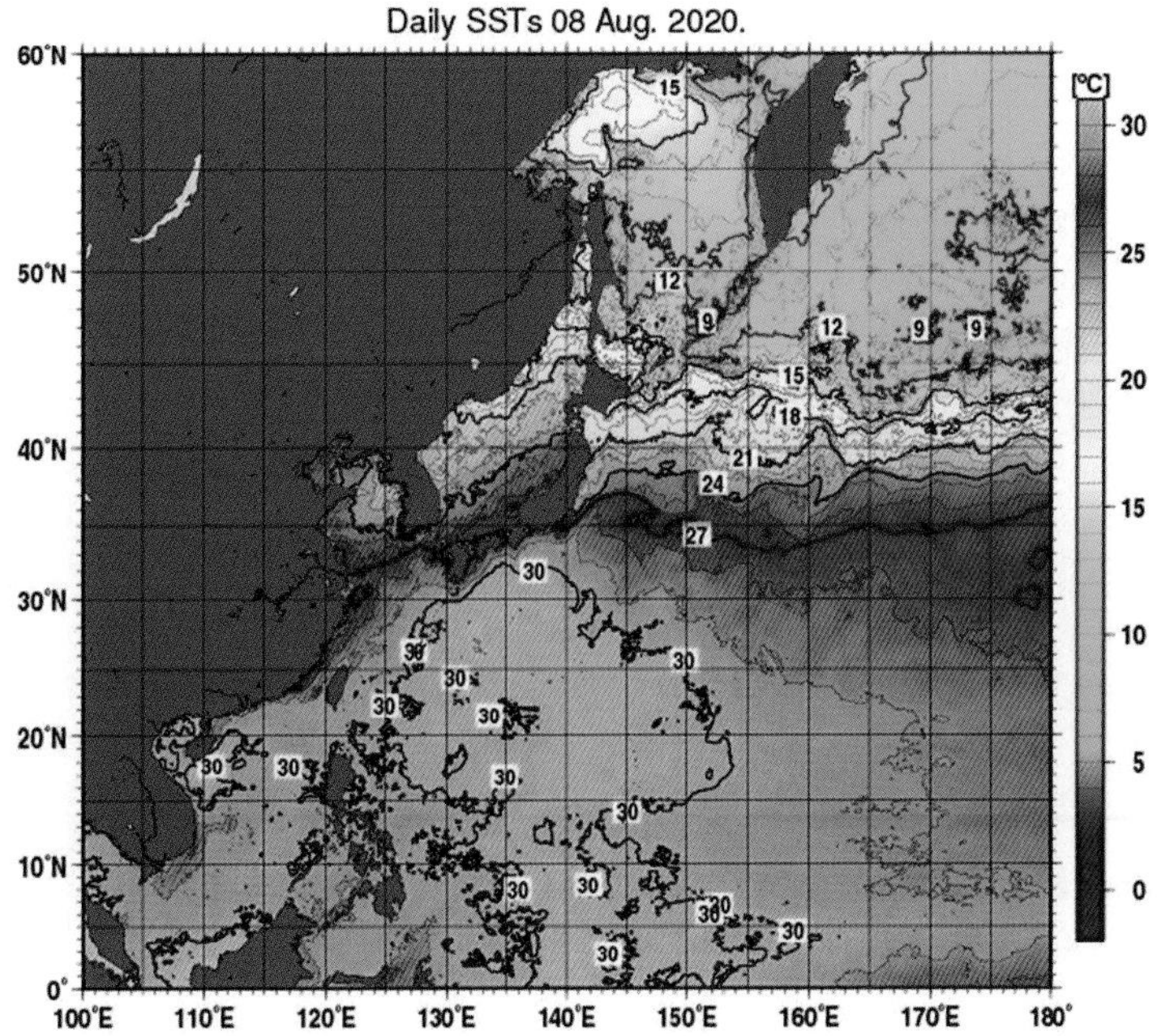

図３　2020 年 8 月 20 日の北西太平洋海面水温
出典：気象庁 HP

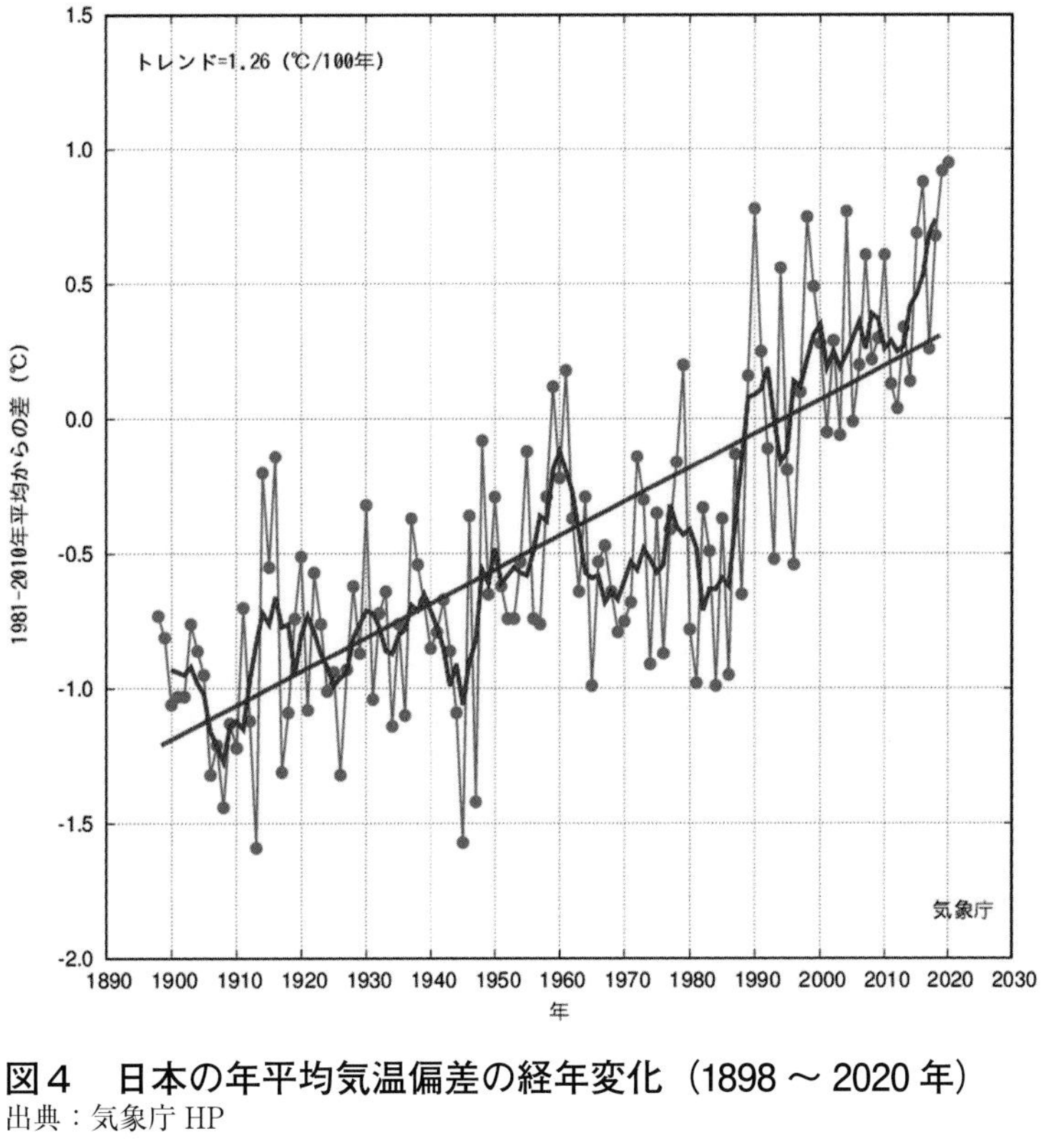

図４　日本の年平均気温偏差の経年変化（1898 ～ 2020 年）
出典：気象庁 HP

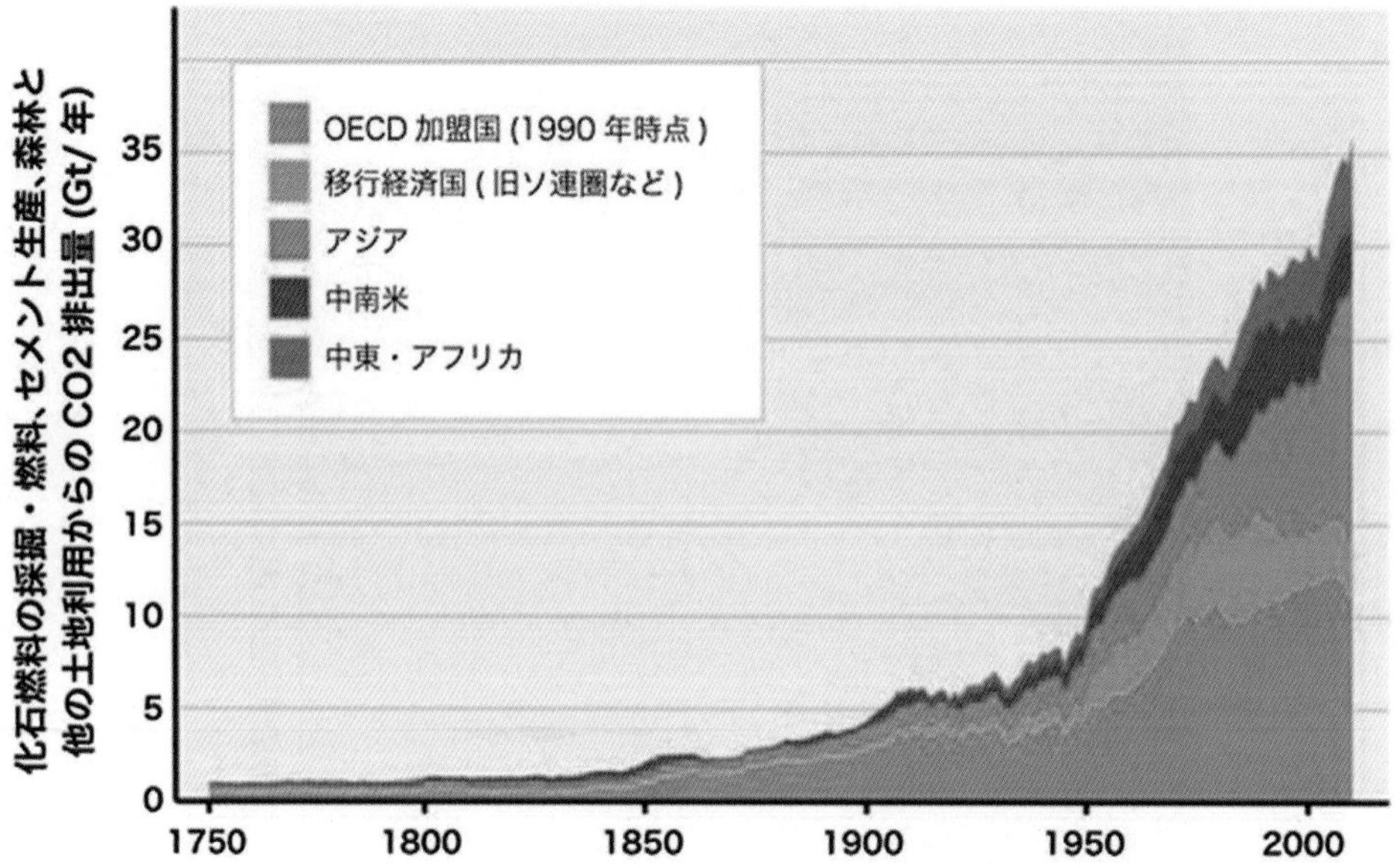

図５　人為（燃料、セメント、フレアおよび林業・土地利用）起源の CO_2 排出量（Gt-CO_2 換算／年）

出典：IPCC 第５次評価報告書 WG Ⅲ Figre TS.2

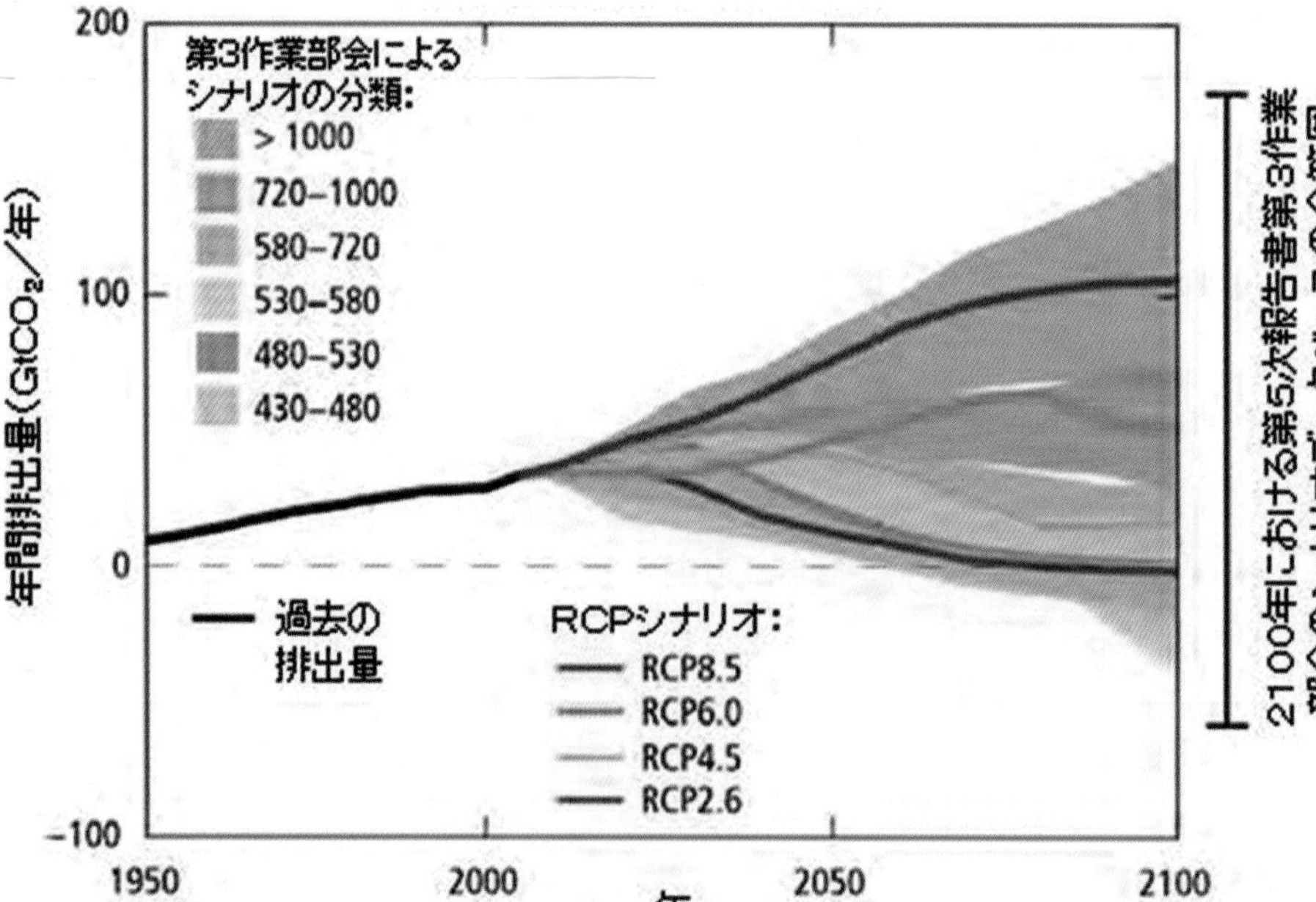

図６　人為起源の CO_2 年間排出量の経緯と代表濃度経路シナリオ

（RCP=Representative Concentration Pathways）

出典：気候変動 2014 気候変動に関する政府間パネル第５次評価報告書統合報告書政策決定者向け要約

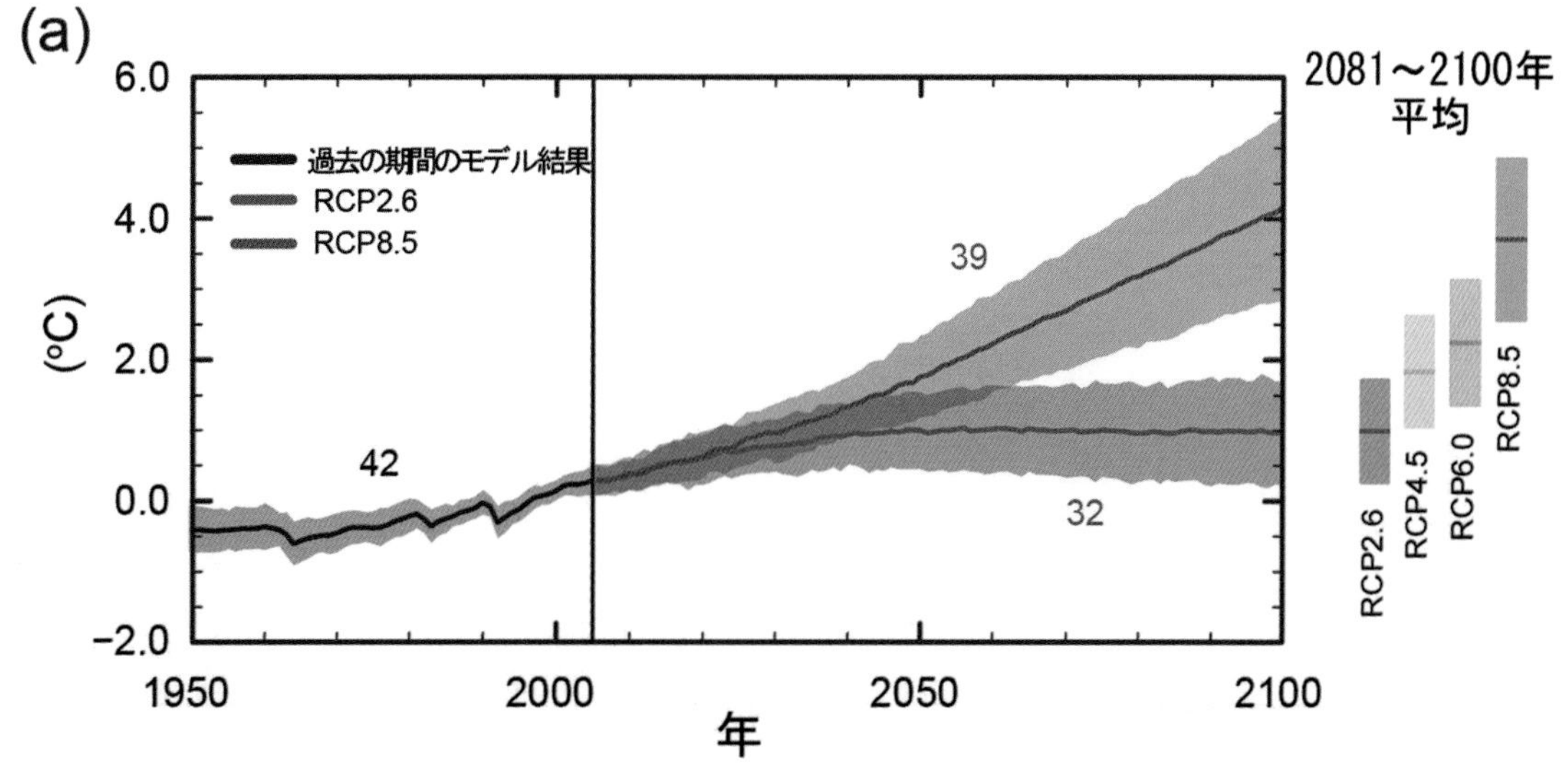

図７　世界平均地上気温変化
出典：「日本の気候変動 2020」文部科学省・気象庁

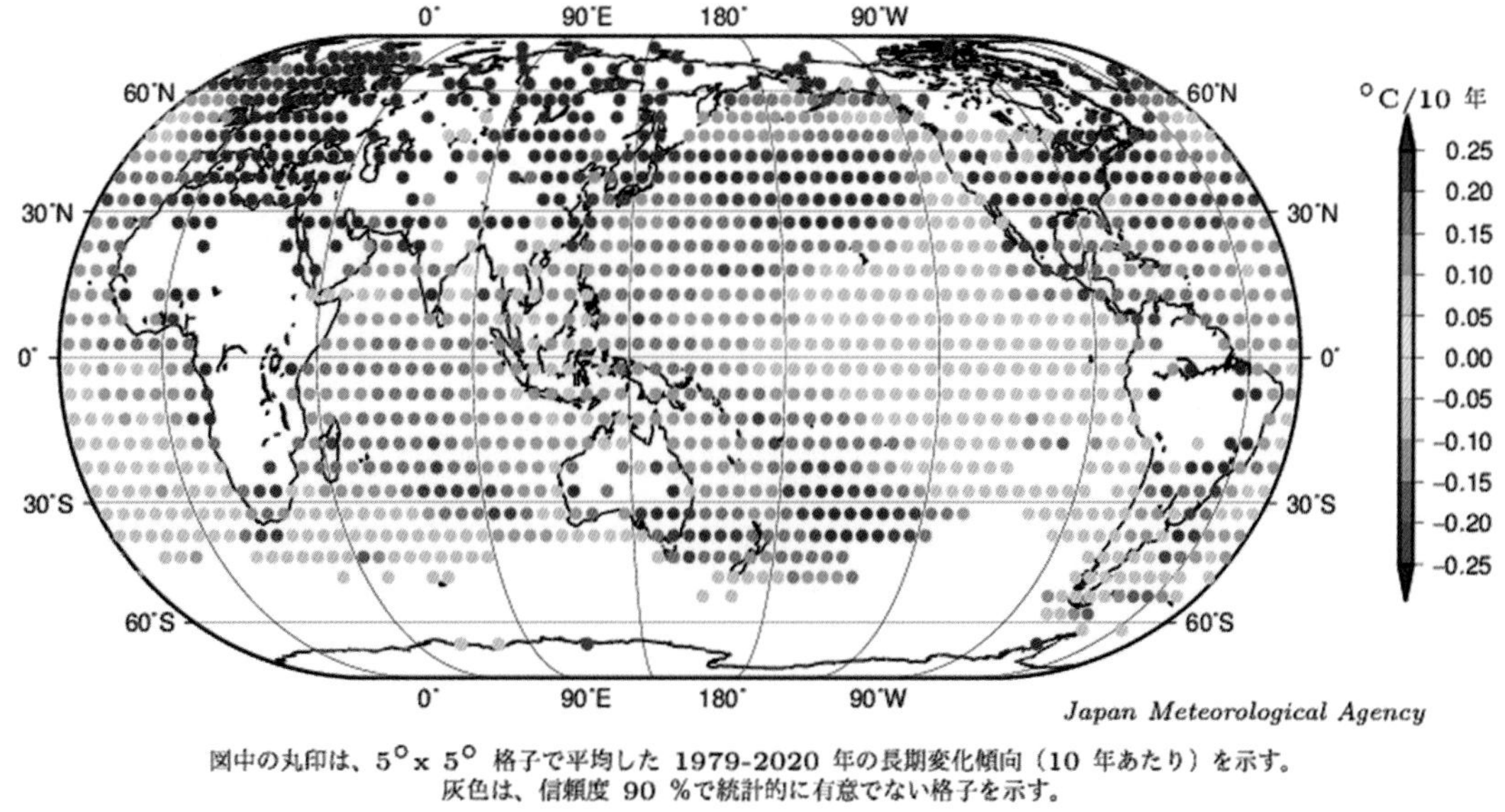

図中の丸印は、5°x 5° 格子で平均した 1979-2020 年の長期変化傾向（10 年あたり）を示す。
灰色は、信頼度 90 %で統計的に有意でない格子を示す。

図８　年平均気温長期変化傾向　1979 ～ 2020 年
出典：気象庁 HP

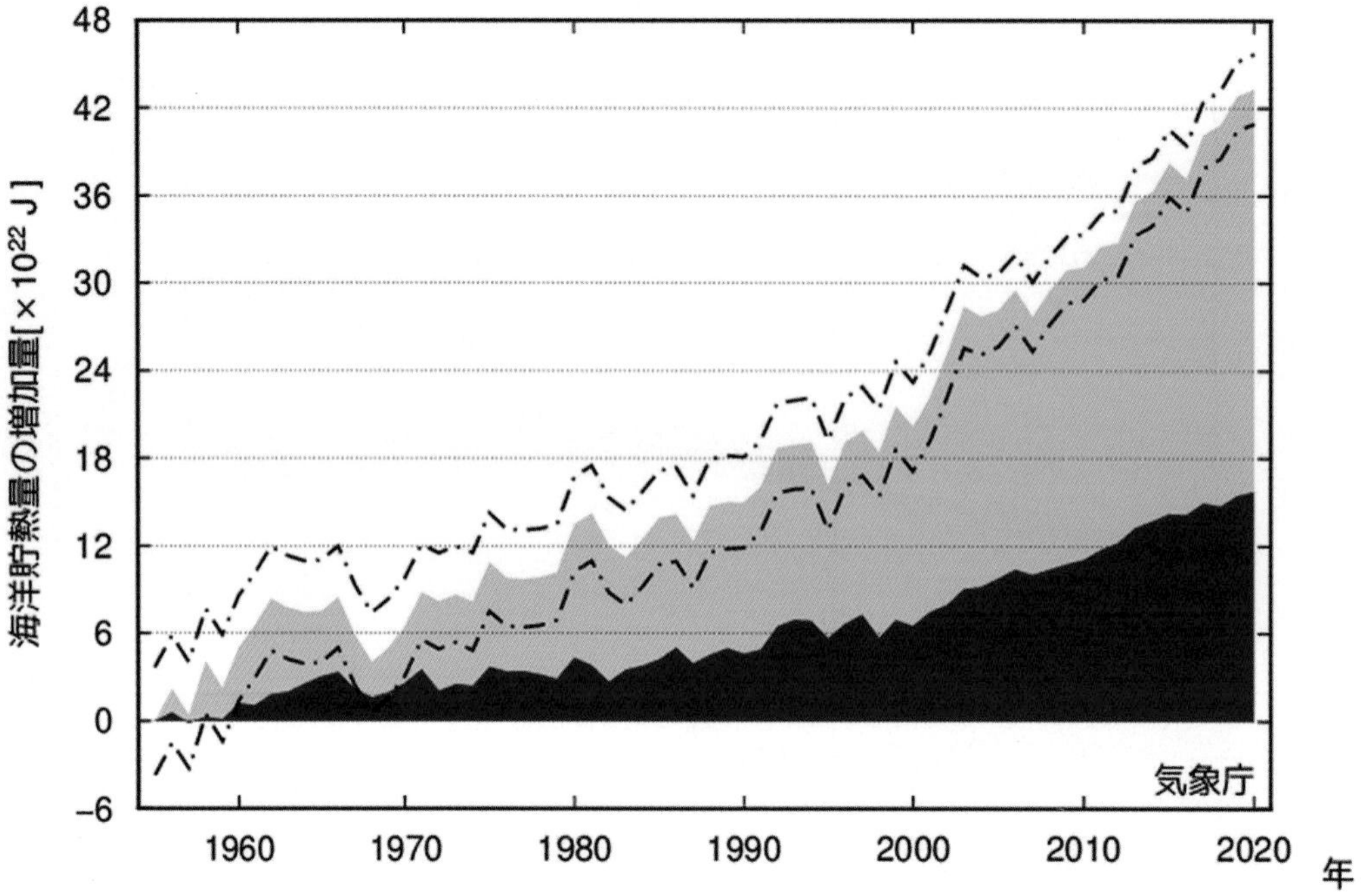

図９　海洋貯熱量の 1955 年からの増加量

（水色の陰影は海面から深度 700 m まで、紺色の陰影は 700 ～ 2000 m までの貯熱量を示し、一点鎖線は海面から深度 2000 m までの解析値の 95%信頼区間を示す）
出典：気象庁 HP

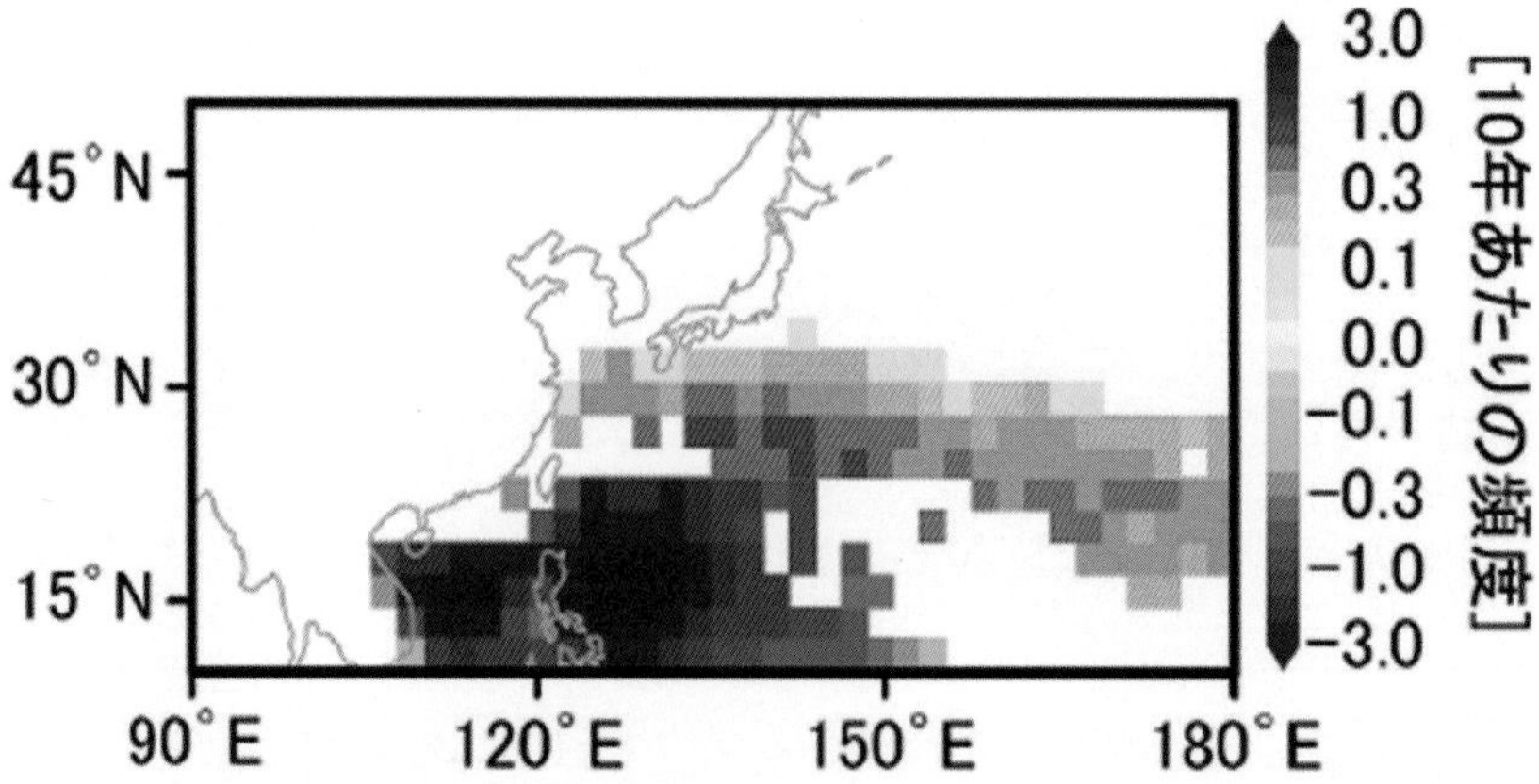

図 10　猛烈な熱帯低気圧（台風）が存在する頻度の将来変化

（赤色の領域で頻度が増加している）
出典：気象庁 HP

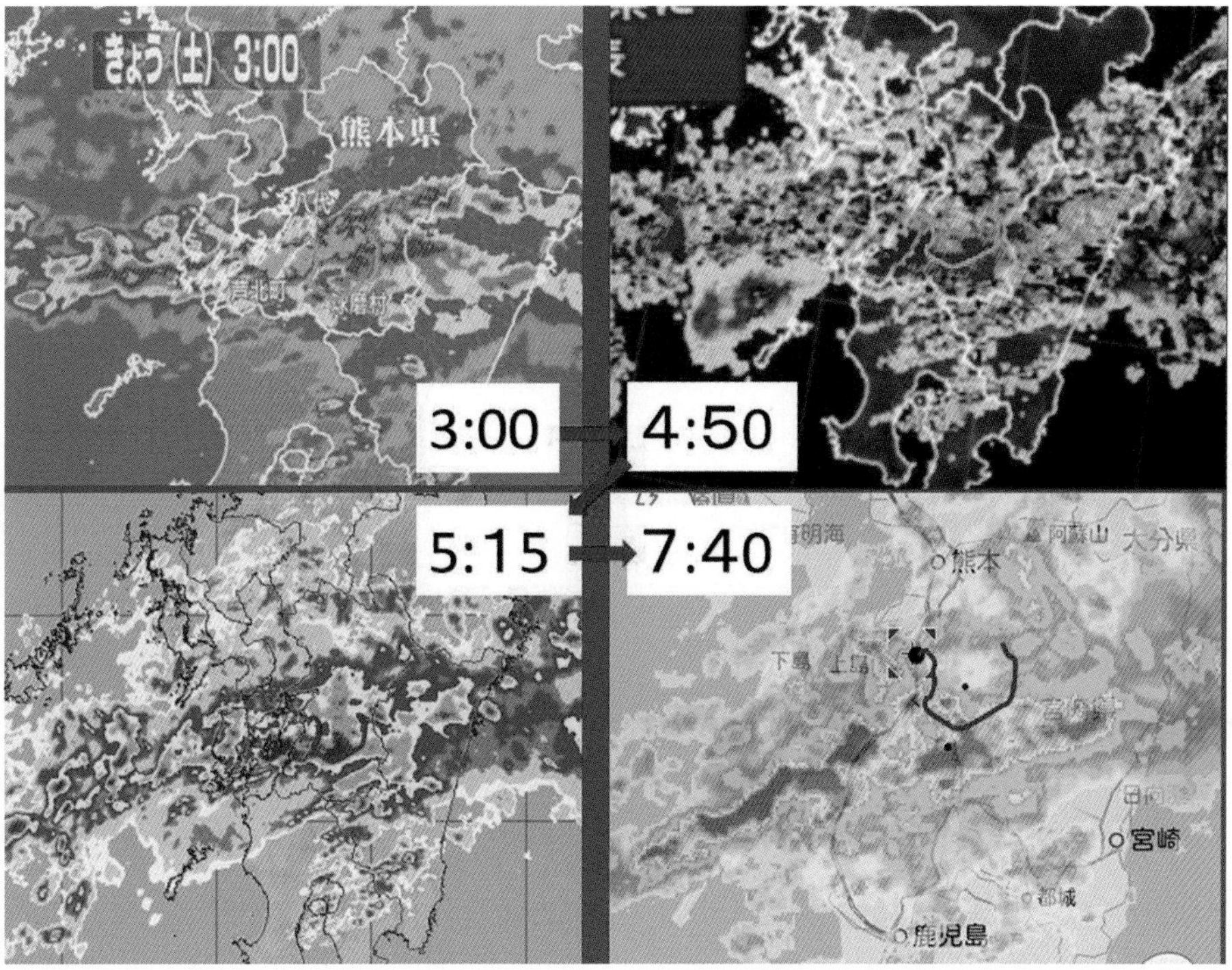

図 11　2020 年 7 月 24 日線状降水帯間的推移（衛星写真）

2020 年 7 月 4 日朝の瀬戸石ダム（住民提供）

増える皆伐地（球磨郡水上村、「4　球磨川水害を山から考える」（38 ページ）参照）
撮影日：2021 年 3 月 10 日、撮影者：つる詳子

7・4球磨川豪雨災害はなぜ起こったのか──ダムにこだわる国・県の無作為が住民の命を奪った◆目次

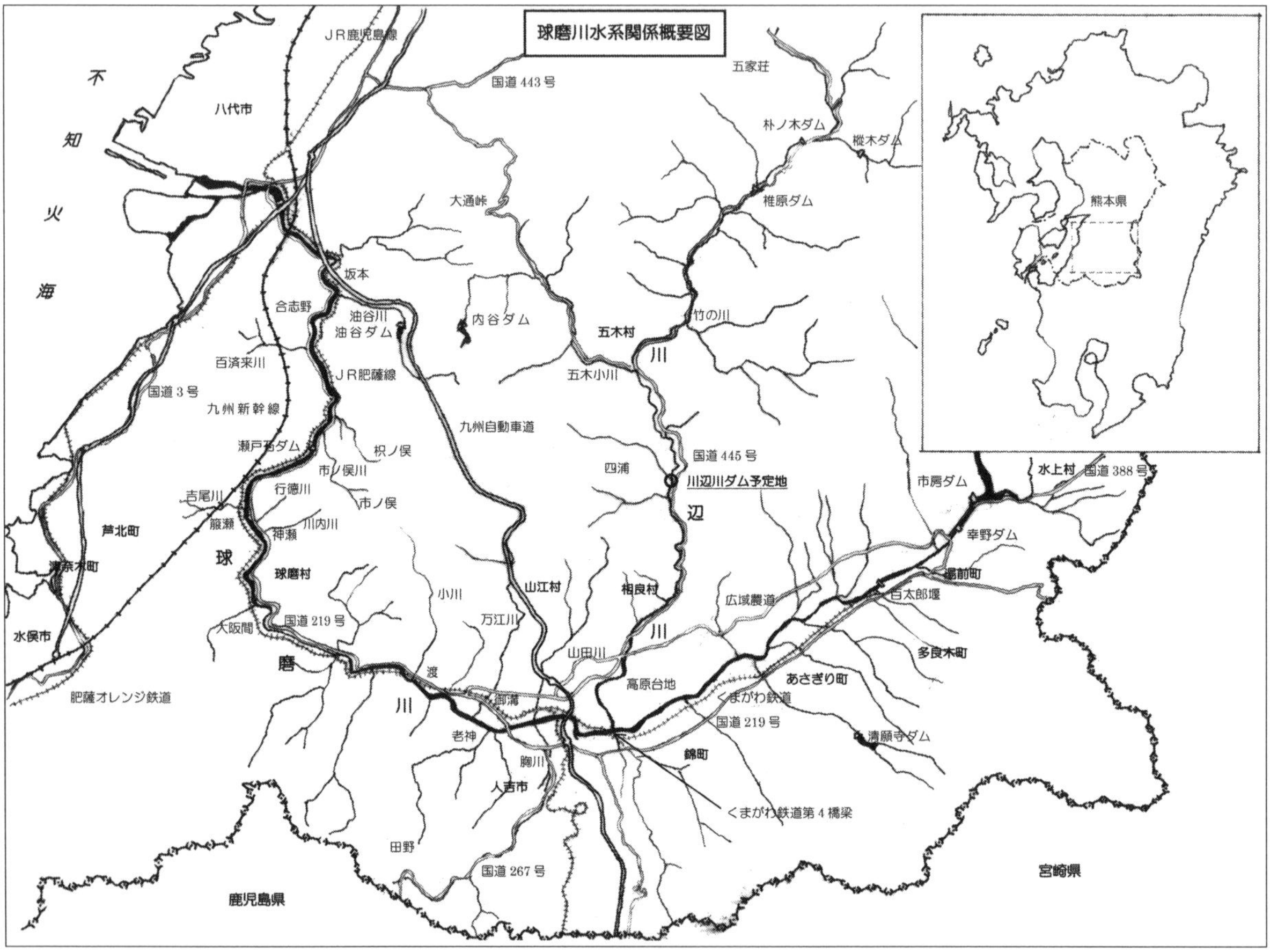
球磨川水系関係概要図
ＪＲ鹿児島線
国道 443 号
五家荘
八代市
不
知
火
海
朴ノ木ダム
樅木ダム
椎原ダム
熊本県
大通峠
坂本
合志野
油谷川
油谷ダム
内谷ダム
五木村
竹の川
百済来川
ＪＲ肥薩線
国道 3 号
九州新幹線
五木小川
九州自動車道
瀬戸石ダム
枳ノ俣
市ノ俣川
四浦
国道 445 号
川辺川ダム予定地
吉尾川
行徳川
市ノ俣
水上村
国道 388 号
市房ダム
芦北町
箙瀬
神瀬
川内川
幸野ダム
津奈木町
球磨村
球
小川
山江村
相良村
辺
湯前町
百太郎堰
広域農道
国道 219 号
万江川
大阪間
山田川
川
多良木町
水俣市
磨
渡
高原台地
あさぎり町
肥薩オレンジ鉄道
御溝
くまがわ鉄道
川
老神
国道 219 号
清願寺ダム
胸川
錦町
人吉市
くまがわ鉄道第４橋梁
田野
宮崎県
国道 267 号
鹿児島県

本書の出版にあたって

二〇二〇年七月三日深夜から四日にかけて熊本県南部を襲った線状降水帯による豪雨の被害は、死者65人、行方不明者2人。住宅等は全壊1491棟、半壊3098棟、床上浸水292棟、床下浸水426棟、一部損壊2069棟という未曽有の甚大なものでした。球磨川流域に限っても、浸水面積1150ha、浸水戸数6280棟、犠牲者は50人、行方不明者1人となっています。

このような甚大な被害の状況を知り、現場を目の当たりにするにつけ、わたしたちが抱いた思いは、未曽有の豪雨・洪水のすさまじさへの畏れです。と同時に、20年以上にわたって「ダムのない治水対策」を求め続けてきた経験から、その間の国（国土交通省）、熊本県の無為無策とも言える対応への怒りのこもった疑念でした。

不幸にも、その後の国が主導する、県、流域市町村長を交えた検証委員会や治水協議会の内容・進め方は、その疑念を増幅するものでした。詳しくは本編に譲りますが、「検証委員会」では、国交省の一方的な資料が基礎となっており、その上、唐突に「川辺川ダムがあれば」との仮定を持ち込んでその効果を論じています。何より問題なのは、国、県知事、流域市町村長からは一言の謝罪の言葉もないことです。この災害による甚大な被害についての自らの責任を自覚していないとしか思えないのです。

その後、引き続いた「流域治水協議会」では驚くべきことが議論されています。流域住民や私たちが求め、二〇〇九年以降の「ダムによらない治水対策」の中でも検討されながら実施されてこなかった多くの対策事業が「手のひらを返すように」列挙されたことです。国交省の、「川辺川ダム建設を受け入れるのなら……」というニュアンスを強く感じるのです。実際、「川辺川ダム建設事業」は、二〇一一年度の「予算概要」に「二〇〇九年中止された川辺川ダムについては生活再建事業を継続するために必要な予算を計上する」と記されたように、事業を継続するための布石が打たれていたのです。

わたしたちは、災害発生直後から、国、県等関係各方面に抗議・要請・説明要求などを行ってきました。しかし、まともな回答のないまま、着々と「ダムありき」の事業計画は進んでいます。

本書の出版は、このような住民・県民不在の進め方を許さないとの私たちの強い決意をこめたものです。同時に、全国で同様の問題に取り組んでおられる多くのみなさんに、私たちの「ダムのない球磨川の治水」、「親水・避災の地域づくり」を求める闘いを通して知り得た国交省、水管理・国土保全局、九州地方整備局をはじめとする行政側の実態をお知らせするためでもあります。

内容は、①災害後、行政側が示した諸対策中の事実歪曲や恣意性を暴露しながら現実的でより有効な対策の提案。②線状降水帯など、今後の気候変動の見通しと防災のあり方。③住民による調査、現地調査を基にした災害の実相と原因の究明。④集水域の大部分を占める山・森林の実態と、将来を見通した保全対策。⑤災害を増悪させた発電用ダムの問題。⑥建設が目論まれる「流水型ダム」の危険性。⑦25年間の予算資料を通して見た水管理・国土保全局（旧河川局）の治水対策体系の検証等で構成されています。

これらの内容は、関連しながらも、それぞれに独立したもので、順序があるわけではありません。したがってどの章から読み始めていただいても結構です。

1　図解　川辺川ダムはいらない

――「かさ上げ」で確実な安全安心を

二〇二〇年七月四日の球磨川洪水による甚大な被害をうけて、川辺川ダム建設を中止した蒲島郁夫知事や民主党政権、そしてダム反対派に責任があるかのように言われている。しかし、川辺川ダムは、建設目的のひとつ利水事業（農水）が農民の反対で撤退に追い込まれ、漁民が反対し、潮谷義子前知事が決断した住民討論集会で双方の主張が出し尽くされ検証した結果として、県民が「ダムは不要」と判断した。それが「民意」だった。そのうえで人吉市長や相良村長らの反対表明に続き、蒲島知事が白紙撤回を表明、最終的に民主党政権が決定した。

この経過を見れば、「民意」として「ダムによらない治水・利水」を選択したのは、利水訴訟や住民討論集会などによって徹底した議論の積み重ねや情報公開があったからだと理解される。

今回の蒲島知事のダム容認表明は、その点が全く欠如し、国交省のお膳立ての上で、国交省と県だけで決め、市町村長の同意だけで、専門家や住民不在の検証委員会や形だけの住民対話を根拠にして拙速に進んでいる。

「民意」というのであれば、甚大な被災をうけながら、さらには一方的にダムの効果が喧伝されているにもかかわらず、ダムに反対する世論が上回っていることこそが、川辺川ダムを巡る長い時間の中で培われた、誇るべき県民や流域住民の意思ではないか。

七月の豪雨で氾濫した熊本県・球磨川の治水策に関し、共同通信が流域住民３００人に支流での川辺川ダム建設の是非をアンケートした結果、「不要」「やや不要」の反対意見を選んだ人は計34％（１０３人）で、「必要」「やや必要」の賛成計29％（87人）を上回った。

（二〇二〇年一〇月二九日付「毎日新聞」）

以下、二〇二〇年一一月一九日の熊本県議会における蒲島知事の「ダム容認表明」で県民にダムを押しつけた「言い訳」、自画自賛する「決断」の欺瞞を明らかにする。また、その一方で効果を隠蔽し、検証さえ封じ、ついには抹消してしまった「堤防かさ上げ案」の考え方を中心に、ダムによらない治水対策案の可能性を明らかにする（表明の順を追って、冒頭に蒲島知事発言、それに対する批判的見解を記す）。

1　ダムによらない治水対策を頓挫させた責任

（12年前の決断）

この10案については、事業費が莫大であること、工事期間も長期に及ぶことなどから、実施に向けた治水対策として、流域の皆様と共通の認識を得るまでには至りませんでした。

※10案は、昭和四〇年洪水を目標にした対策の組み合わせ案

何かを待つかのように
遅々として進まなかった
治水対策
九州豪雨からの未来を見つめて—
球磨川復旧に
川辺川ダムはいらない。

なぜ、ダムによらない治水対策案は頓挫したのか。その答えは簡単だ。国交省がダム以外の代替案は認めないからだ。二〇〇一年一二月に始まった住民討論集会は、住民側が提案した川辺川ダム代替案に国交省が危機感を持ち反論したことから始まっている。なぜ危機感を持ったのか。それはあまりにも簡単に可能な代替案だったからだ。治水対策協議会の10案も事業費が莫大とか、工事期間が長期で実現はほど遠いなどと言うが、それは国交省の恣意的な試算に過ぎない。事業費で言えば、住民討論集会当時も堤防かさ上げ案（2100億円）、河床掘削案（2100億円）はダムの残事業費（1900億円）と遜色がないばかりか、ダム事業の総額（2650億円、その後3300億円）よりも圧倒的に少なかった。また、どこでも普通にやられている代替案をなんのかんのと言い募って否定してきたのが国交省だ。また、それに乗せられ追随させられてきたのが県知事、市町村長だ。そのために有意義な合意を得ることなく、また、合意のために努力することもなく、同意できない「意見」を羅列するだけで、終盤の数年間は協議会さえまともに開かれない状況が続き、ついに七月四日水害を被った。

知事の誤りは、12年前にダムを白紙撤回したことではない。ダムによらない治水対策をダムに固執する国交省まかせにして、自ら向き合わなかったことだ。「何かを待つかのように遅々として進まなかった治水対策」（『釣りマガジン』）と指摘されるような国交省の姿勢に屈し、加担したということである。

2　ダムの効果「6割減」のゴマカシ

（豪雨災害の検証）

人吉地点で治水の目標とする毎秒7000トンを大幅に超える、だれもが予測できないものでした。仮に川辺川ダムが存在した場合の効果については、人吉地点において、市街地の浸水範囲を6割程度減少させ、水位を約1・9ｍ低下させることが確認されました。しかし、現行の川辺川ダム計画だけでは、今回の被害をすべて防ぐことはできないとの試算も示されました。今回の検証について、私は、データ分析に基づく浸水想定と、実際の洪水痕跡を重ね合わせて比較するなど、国土交通省において、丁寧かつ客観的な検証結果を示していただいたと受け止めています。

検証委員会で示された国交省の計算値には多くの専門家から疑問

が呈されている。民間団体は、国交省が二〇〇六年の第46回河川整備基本方針検討小委員会に提出した資料を元に試算した七月四日洪水の流量は人吉1万600トンになると指摘している。一方で国交省は人吉の通過流量を7000トンと川辺川ダムの効果を際立たせるために過小に見積もっている。また、ダムによる効果（調節量）は河道内の貯留効果によって、ダム地点から離れるほど小さくなるのが普通だが、検証委員会で示された川辺川ダムの調節量は、ダム地点で2800トン、川辺川柳瀬で2200トンなのに、人吉では逆に2600トンに増え、渡でも2600トンと変わらず、ダムから70㎞下流の横石でも2000トンの低減効果があるように試算している。客観的どころか、「洪水流量は小さく、ダム効果量は大きく」して、あくまでダムに都合よく数字合わせをしているとしか思えない。

人吉流量1万600トンと7000トンの差は川辺川ダムと市房ダムの調節量に匹敵する。人吉流量が1万600トンなら仮に川辺川ダムがあったとしても調節しきれず、相当な浸水被害が予想される。

さらに、球磨川本川側（上流に市房ダム）流域と川辺川流域は、ほぼ同じ流域面積（およそ500㎢）があり、想定最大の洪水流量は各々1万トン近いと想定される。したがって、川辺川流域に雨が降らなくても、球磨川本川流域だけで1万トン近い洪水は発生するということである。川辺川ダムはあっても意味をなさず、人吉の洪水は防ぎようがない。現に検証委員会では、今回洪水では、球磨川中流域の豪雨によって、川辺川ダム調節後でも横石では1万トンが流下するとしている。繰り返すが、川辺川ダム流域で降雨がなくても今回洪水以上の洪水は確実に発生するのである。

検証委員会では、ダムによらない対策10案の対策効果も示されている。しかし、堤防かさ上げを中心とする案については、堤防かさ上げによって七月四日洪水が堤防を超えることなく、人吉市街は浸水しない結果になる可能性があるのに全く触れていない。堤防かさ上げ案といいながら「かさ上げ」の効果を無視しているのである。県議会でそのことを追及された蒲島知事は、「堤防かさ上げはリスクが高いから認めない」と否定した。自分たちで10案の一つとして検討し提案しておきながら、最後には「そんなのは認められない」と言い放つ身勝手さである。ちなみに堤防かさ上げであれば、球磨川本川流域で洪水が発生しようが、川辺川流域で発生しようがどこで起こっても同じ効果を発揮する。

図解①、②-1～②-4参照（12～14ページ）

3　「復興」を口実にダムを既成事実化

（流域の皆様から寄せられた思い）

ダムの議論の前に、被災者の生活再建など、今やるべきことがあるのではないかという厳しい御意見もいただきました。しかしながら、『球磨川流域の治水の方向性』が決まらなければ、住まいや生業の再建はできません。元の場所での再建、あるいは宅地のかさ上げ、高台への移転などを検討できないからです。さらに、球磨川沿いを走る国道219号や流された多くの橋梁、JR肥薩線など、地域の重要な交通網の復旧に着手することができず、復興まちづくりは、さらに遅れることになります。

被災した県市町村管理の道路も橋もそして支川も一括して国交省が復旧することになった。これらの復旧の際に、まず決めなければならないのが施設復旧の高さである（これがいわゆる「治水の方向性」によって決まる）。ダムを認めれば従来通りのダム前提の計画の高さでいいが、ダムを造らないなら施設の高さをかさ上げすることになる。要するに「ダムを認めればすぐにでも復旧工事に着手できる」が、復旧工事を担う国交省に対して「かさ上げして欲しい」などとは口が裂けても言えない。そんなことを言えば「復興はさらに遅れる」と、弱い立場の市町村に対する脅し文句である。ダムを認めることが復旧工事の実質的な条件になっている。それを裏付けるように、ある首長は、橋のかさ上げ復旧を口にしただけで「それはダム反対派の言うことだ」とたしなめられたという。だから、洪水の流れを阻害して流出した橋なのに「障害にならない高さにかさ上げして欲しい」と要望する声はどこの市町村からも上がらない。将来的には川辺川ダムなどで2m以上も水位を下げるのだからかさ上げは無駄な投資だという理屈である。しかし、気候変動による「想定以上の出水」や、ダムの「緊急放流」によって橋が障害になって氾濫を引き起こす恐れは否定できない。同じことが繰り返されることになる。

川辺川ダム代替案の「堤防かさ上げ案」では、橋の架け替え16橋や鉄道付替、国道かさ上げなどが計上されていた。しかし、今回の災害復旧で仮に橋のかさ上げなどを実施すれば、「堤防かさ上げ案」から、それらの事業費数百億円を差し引かなければならなくなってしまう。そうなれば、「堤防かさ上げ案」に有利に働いてしまうという姑息な思惑もささやかれている。

4　ダムの不都合には答えず「ダムが唯一」

（決断の理由「命と環境の両立」に向け国に求めていくこと）

第一に、ダムの効果が過大に検証されているのではないかという御意見、第二に、ゲート付きの流水型のダムとすることで、環境への影響を大幅に下げることができるという御意見、第三に、洪水調節の開始流量を大きくすることで、環境への影響を抑えることができる、また、ダムを設計する技術者が環境への愛情を持つことが必要だという御意見、第四に、今後は地球温暖化の影響による「不確実性」に備えた治水計画が必要といった御意見をいただきました。これらの御意見を聞いて、知事として、ダムの効果を過信することはできないが、被害防止の「確実性」が担保されるダムを選択肢から外すことはできないと判断しました。さらに、ダムを流水型にすることで、環境に極限まで配慮することができると考えております。（中略）私は、「緑の流域治水」の取り組みの1つとして、平時には流れを止めずに清流を守り、洪水時には、確実に水を溜める「流水型のダム」を加えることが、「現在の民意」に答える唯一の選択肢だと確信するに至りました。

（別項）「今回のお聴きする会で、流域住民の皆様が、いわゆる「緊急放流」に大きな恐れを抱いていることが分かりました。このため、ダムの効果やリスクについての正しい理解を流域の皆様からも得られるよう、説明責任を果たして参ります。

ダムのリスクを指摘する声を聞きながら何一つ答えないまま、ダムによって被害防止の「確実性」が担保されるなどと断定。事実は真逆、住民団体や専門家が指摘しているのは、「緊急放流」を伴うダムの被害防止の「不確実性」である。また、流水型ダムによって環境問題が完全に解決するかのように言うが、それは従来の「穴あきダム」の一般的な評価を元にしたもので、それとは次元の違うダムであることを隠している。全国に例のない大規模なゲート付きの流水型ダム、一般的ではない鍋底方式の操作ルールの危険性や環境に及ぼす影響はこれから検証することであって、どこかの何かのきちんとした経験があるわけではない。根本的には、ダムで4割もの洪水を調節するという自然を甘く見た球磨川の治水計画そのものの問題は何一つ解決していない。

「大規模なゲート付き流水型ダム」の唯一の先行例は、福井県に建設中の足羽川ダムがある。堤高96m、貯水量2870万トン、1300億円で二〇一四年着工、二〇二六年の完成をめざしている。法に基づく環境アセスメントを実施して工事中であるが、未だに環境保全問題や構造上の課題について検討が続いている。貯水量が四倍にもおよぶ川辺川ダムがどれだけの課題を抱え込むのか想像に難くない。まさに実験台である。

図解③—1、③—2参照（14～15ページ）

5　その場限りの嘘とゴマカシ

（直ちに取り組む治水対策）

「新たな流水型のダム」を含む「緑の流域治水」に直ちに取り掛かったとしても、その効果が十分に発揮されるまでには、相当の期間を要します。今回のような想定を超える豪雨、さらには、それさえも上回る豪雨は、いつ、どこで起きても不思議ではありません。まさに、私たちにとって、現実の脅威となっています。

そのため、早急に行うべき事業は、躊躇することなく、重点的かつ確実に実施して参ります。年度内の早い時期には「緊急治水対策プロジェクト」を策定し、国や市町村との連携のもと、支川を含む河床の掘削、堤防や遊水地の整備、宅地のかさ上げ、高台への移転、砂防・治山事業など、今すぐに行うべき対策を徹底して実行します。

表明の冒頭で、「10案については実施に向けた治水対策として共通の認識を得られなかった」と言っておきながら、同じ表明の中で舌の根も乾かないうちに10案に含まれていた河床掘削や遊水池などを「徹底して実行します」と表明。二枚舌もいいところだ。「10案に同意できない」と否定的意見を述べていた市町村長は前言を撤回したのだろうか。10案がやれないから川辺川ダムを選択したのだから、10案がやれるならダムはいらないというのが、当然の帰結ではないのか。極限までダムによらない治水を実行し、そのあとに必要ならダムを検討すればいいだけのことで、これが本当の民意であり、これまでの方針だったはずだ。今までやれなかったことが、突然可能になったのはなぜか。明らかにしなければ、やれないと言い続けて12年間放置した責任が問われている。このままでは球磨川で亡くなられた50数人の方々に対して申し開きができない。

「ダム完成まで待てない。今すぐに行うべき対策を徹底して実行します」というのなら、再度災害防止のための改良型復旧（越水防止対策）工事こそ実行するべきだ。越水防止工事は堤防補強や堤防かさ上げが最も一般的な工法だが、堤防を越水した川辺川から人吉市街地、人吉下流地区から球磨村渡までの間の緊急治水対策プロジェクトに堤防かさ上げは含まれていない。その原因（理由）は「堤防かさ上げ案」をダムに代わる対策として認めずに隠蔽（検証委員会では「効果」を示さず）し、流域治水協議会では完全に対策案から削除してしまったからである。

緊急治水対策プロジェクトは、川辺川ダムと市房ダム再開発を除き1500億円をかけて実施されるが、その水位低減の効果は、坂本町道の駅で35cm、球磨村渡で30cm、人吉市街で45cmとなっている。これだけでは、同じ規模の洪水が発生すればまちがいなく同じ被害が発生する。その小さい効果も、ダムによらない対策10案で合意が得られなかった遊水池によるもので、もし遊水池ができなければ、水位低減効果はほぼゼロである。なぜこんな対策しかできないのかと思うが、不思議ではない。流域治水協議会の「球磨川流域治水プロジェクトの基本的考え方」で「『河川区域での対策』は河川水位を下げることを基本」と一方的に規定してしまったからだ。これは、国交省が行う対策では、水位を下げることにならない『堤防かさ上げ』はやらないと言っているのである。こうして10案にあった「堤防かさ上げ案」はプロジェクトから完全に削除されてしまった（知事も市町村長も気がついていないのか？）。そのため、わずか35〜45cm水位を下げるために1500億円も必要になるのである。それよりも1mでも堤防かさ上げや宅地かさ上げなどを行えば確実に効果は現れる。費用も格段に安く可能である。

さらに、前述のように橋などの復旧高さは今回の洪水位以上にする必要があるはずだ。それは、ダムが最終的に決定したわけではなく、手戻りにならないためにも、また、仮にダムになったとしてもダムによる「緊急放流」に備えるためには絶対に必要なことだ。橋などの復旧はすぐにやることなのに何の言及もしていない。「かさ上げ」は完全にタブーとされている。

図解④参照（15ページ）

6　犠牲者の無念は晴れない

（忘れてはならない出来事）

私が、このような決断をする背景には、決して忘れることができない話があります。それは、14人の方が亡くなった球磨村渡地区の特別養護老人ホーム「千寿園」でのことです。（中略）今回の豪雨で亡くなられた方は、それぞれが大切な御家族であり、地域にとってかけがえのない存在です。この災害がなければ、御夫婦やお子様、お孫様とともに、今も穏やかな暮らしを続けておられるはずでした。こうした何気ない日常や幸せを守ることが、なぜできなかったのか。この多くの犠牲に報いるために、私たちは何をしなければならないのか。この思いが、今も私の心に問いかけてきます。

知事に対して、渡地区とくに千寿園の被災原因について検証を求めるように要請を行ったが、国交省の説明をうのみにして検証は拒否された。被災者の壮絶な経験を聞き、深刻な思いを持ちながら、再び同じ氾濫を引き起こす原因になるかもしれない危険な施設をそのままにしていいのか。なぜ、JRの低い堤防がいつまでも放置されたのか、何がネックとなったのか。事実を解明しなければ改善策もなく、被災された方々の無念は晴れない。再び同じことを繰り返すことになる。人吉市の犠牲者20人の方々についても、支川の氾濫が原因であることを事実経過をもとに問うたが、国交省、知事は認めようとせず、あくまで球磨川のバックウォーターが原因とし、ダムで犠牲は防ぐことができたと繰り返している。

さらに、中流地区では、ダム前提の中途半端なかさ上げ工事しかしなかったことが、多数の犠牲者を生んだことを指摘しているが、ダムが白紙撤回された後も「ダム前提の計画」に固執していた事実に反省の姿勢は一切示さない。「私たちは何をしなければならないのか」などと言ってる場合ではない。水害で犠牲になられた方々の無念を晴らすため、その原因を探求し、原因を取り除くことに全力を尽くすことこそが知事の責任であるはずなのに、まるで他人事のようである。

図解⑤—1、⑤—2、⑥—1、⑥—2参照（16〜17ページ）

7　ダム推進で住民の不安は払拭されたのか？

（新たなスタートの日）

この決断により、住み慣れた家での暮らしや生業の再開に不安を感じていた方にとっても、安心して再建に着手していただけると考えています。また、JR肥薩線や国道219号など、交通インフラの復旧の方向性が定まり、被災した地域や産業の再生に向け、大きく前進すると確信しています。

この決断で安心して再建に着手できる。復旧の方向性が定まった。などと言うのであれば、再建の道筋や復旧復興の方向性を自ら流域住民に説明すべきであるのに、県は被災住民の生活再建にむけた復旧復興の具体的プラン（支援策）は何も示していない。

一方で、この冊子を作成している間にも国交省と県は、ダムを核とする治水対策を既成事実化するために矢継ぎ早に流域治水協議会などの方針決定会議を開いている。一月二七日の第三回流域治水協議会では、「すべての事業が完了すれば七月豪雨でも人吉では2・5m水位を下げ堤防越水をふせぐことができる」と大々的に報じられ、ダムありきの世論づくりが進められている。

しかし、ほんとにそうなのか。仮にダム事業がスタートしても完成まで10年以上かかると言われている。ダムの実施に必要な法に基づく環境アセスメントで事業がストップする可能性も無いとは言えない。また、川辺川ダム事業の費用対効果は、1・0を下回ることが確実であり、その場合も事業としては成り立たない。新たなスタートどころか先行きは見通せない。これらの指摘はダム事業の成立に関わる根本問題であるため住民団体が何度も質問しているが、国交省も県もまともに回答せず、黙殺している。新たなダム事業を認可しさえすれば、世論は変わると踏んで強引に押し進めている。

ダムで安心安全は確保されることはなく、それどころか清流を保証するものはなくなり、球磨川のイメージは破壊され、球磨川によって育まれてきた文化も衰退する。そこに地域や産業の「にぎわい」も「再生」もあり得ない。

球磨川の治水協議に携わってきたこと。その結果七月四日洪水で50数名の方々が犠牲になられたことに対して、国交省とともに蒲島知事の責任を明らかにしなければならない。

流域治水や総合治水と呼ばれる計画は全国的にはすでに多くの河川で進められている。そうしたなかで、河川整備計画も作らず、周回遅れの「球磨川モデル」のどこに全国のモデルたる資格があるのか。あるのは全国に例のない「巨大なゲート付き流水型ダム」という危険なダムであり、環境破壊、地域の文化を破壊するダム建設の実験場になる選択をした愚かなモデルと呼ばれることだろう。

最後に、住民側が考える七月四日洪水にも耐えうる川辺川ダムによらない浸水対策案を示し、実施に向けた合意が得られることを望む。

図解⑦-1～⑦-4、⑧-1～⑧-4参照（18～21ページ）

8　地域に対立を持ち込んだ蒲島知事に民意を語る資格はない

（日本の治水をリードする「球磨川モデル」へ）

今回の決断により、これまでの「対立の歴史」に決着をつけ、「安全・安心な暮らし」と「球磨川・川辺川の自然と恵み」を、次の世代の子どもたちに引き継いでいきたいと、心から願っています。そして、この決断は、百年後の球磨川流域、さらには熊本県にとって、必要不可欠なものであったと振り返る日が来ることを確信しています。今後は、不退転の決意で、球磨川流域に安全と恵みをもたらす「緑の流域治水」に取り組み、日本の災害復興をリードする新たな全国モデル、いわば「球磨川モデル」として、必ずや、球磨川流域の創造的復興を成し遂げて参ります。

ダムをめぐる対立は自身の「白紙撤回表明」で終わったはずなのに、今、再びダムを復活させ、対立の構図を持ち込んだのは紛れもない知事本人である。何より決着済みであるのに、「長年にわたり地域を二分してきた川辺川ダム問題」との認識（表明）こそが重大である。知事の中では川辺川ダムへの思いが脈々と生き続けていたということの現れだろう。そして、やっと「ダムは必要不可欠なもの」と大手を振って言える時がきたと。これまで「ダムによらない治水を極限まで追求する」と言い続けてきたのは単なるポーズだったのではないか。そう考えれば、これまでの蒲島知事のダムをめぐる言動のカラクリの数々が氷解する。

ダムに進むにしろ進まないにしろ、12年もの間、無為無策のまま

図解① 浸水６割削減の根拠となった洪水流量のゴマカシ
都合悪ければ自らの主張さえなかったことにしてしまう

H18年8月10日第46回河川整備基本方針検討小委員会資料（国土交通省作成）

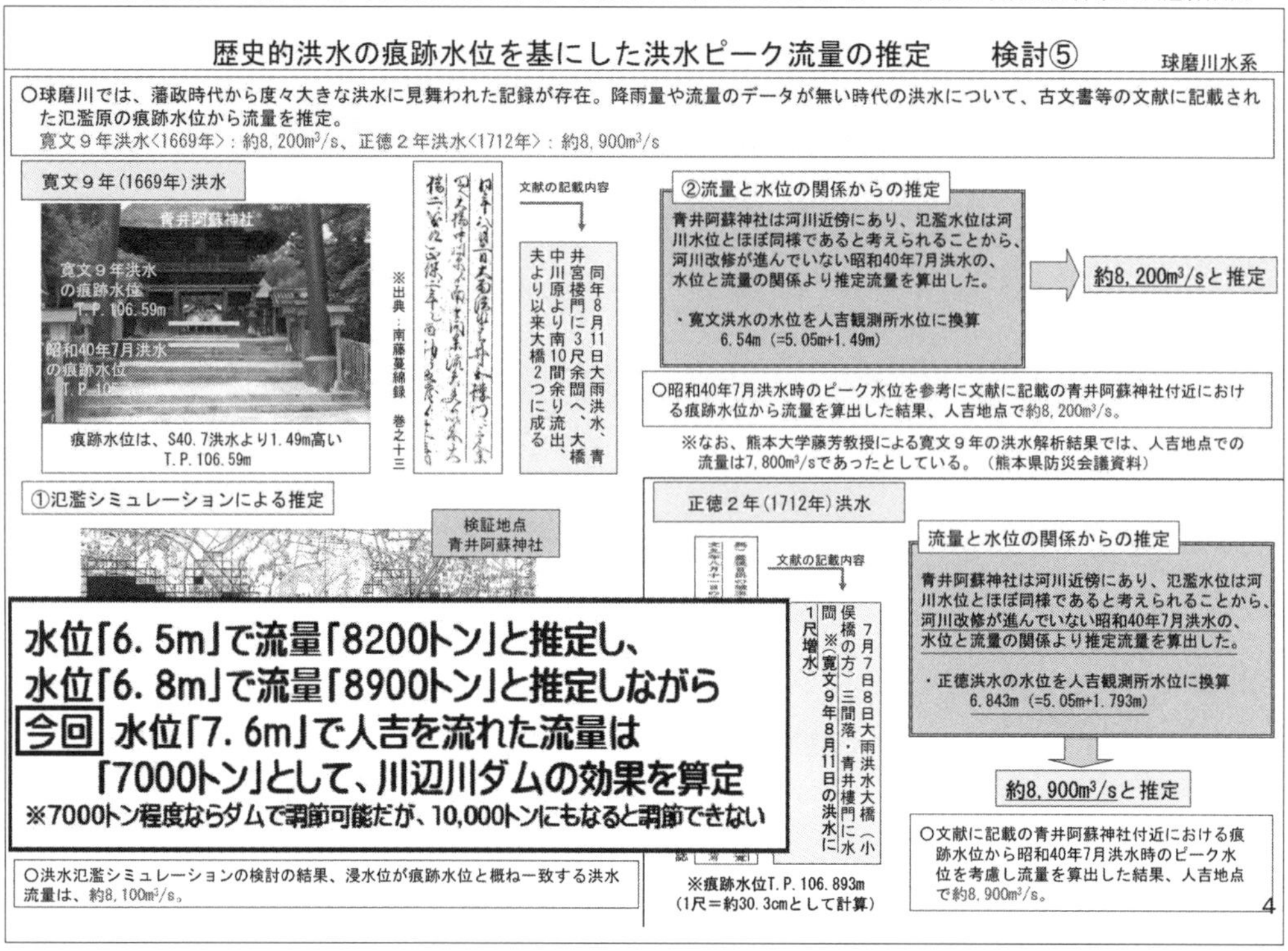

図解②-1 ダムを上回る「堤防かさ上げ案」の効果を隠蔽

ダムを上回る「堤防かさ上げ案」の効果

検証委員会の「堤防かさ上げ案を中心対策とした組み合わせ案」の効果では、遊水池等によって水位が0．8m低下、堤防かさ上げ高1．3mと合わせれば、相対的に2．1mの効果がある。川辺川ダムの効果1．9mと比較しても0．2m分効果が大きい。しかし、検証委員会では、かさ上げによる効果1．3mの説明は一切ない。堤防かさ上げ案といいながら、「水害時のリスクの増大」などとできない解釈を意図的につけて、堤防かさ上げを無視している。これでは（案）としては無いに等しい。もし、リスクがあるので（案）から外すということなら、緊急放流を伴うダム案を一番に外さなければならない。

「効果」を「水位低減」に限定して、「かさ上げ効果」はなかったことに

川辺川ダムが存在した場合の効果（検証委員会）　堤防かさ上げ案の効果（検証委員会）　本来の堤防かさ上げ案の効果

図解②-2 ダムを上回る「堤防かさ上げ案」の効果を隠蔽

堤防を2m超えた洪水も代替案なら氾濫は防げた

川辺川ダム代替案 2．5mかさ上げで防げた

国交省川辺川工事事務所（当時）の「球磨川水系の治水について（平成13年10月）」によると、川辺川ダムの代替案として、川辺川合流点から人吉までは2．5m、中流地区は1m〜2．5mの堤防かさ上げ（案）を記載している。人吉で2．5mの堤防かさ上げが実現していれば、完全に人吉市街地は守られたことになる。最新の技術を駆使すれば景観に配慮した工法で実現可能だったはずだ。（図解⑥-1）（図解⑧）

市民は景観より安全安心を望んでいた

ダムによらない治水を求める住民団体等が、人吉でアンケート調査を実施したところ、「堤防かさ上げは必要な高さまであげる」が過半数を占めた。その結果をもって住家の移転を伴わない方法で堤防かさ上げの実施を迫ってきた。しかし、国交省、市長は環境（景観）への悪影響などを理由に実現を妨げてきた。7．4洪水後は、「環境も大事だが命も大事」だから「ダムが必要だ」と言い出した。そうであれば「堤防かさ上げ」を拒否する理由はない。不確実性のダムより、堤防かさ上げ案こそ最も現実的な対策である。

2001年11月、住民団体は人吉地区のダム代替案として、堤防かさ上げ高を1mとして堤防満杯で基本方針流量7千トンを流すことができると提言していた。（1m+余裕高1.5m=2.5mの増）その工法も既存の堤防上に盛土してパラペットと呼ばれるコンクリート壁を1m高くするもので、住宅地には全く影響しない方法だった。国交省は「堤防を高くすると、水害時のリスクが増大する」と言って、まったく取り合おうとしなかった。あれから19年、何もできないうちに最悪の洪水が起こってしまった。ダムによらない治水をめざすと言いながら、ダムにこだわり、代替案に消極的な姿勢をとり続けたことが最悪の事態を招いた。

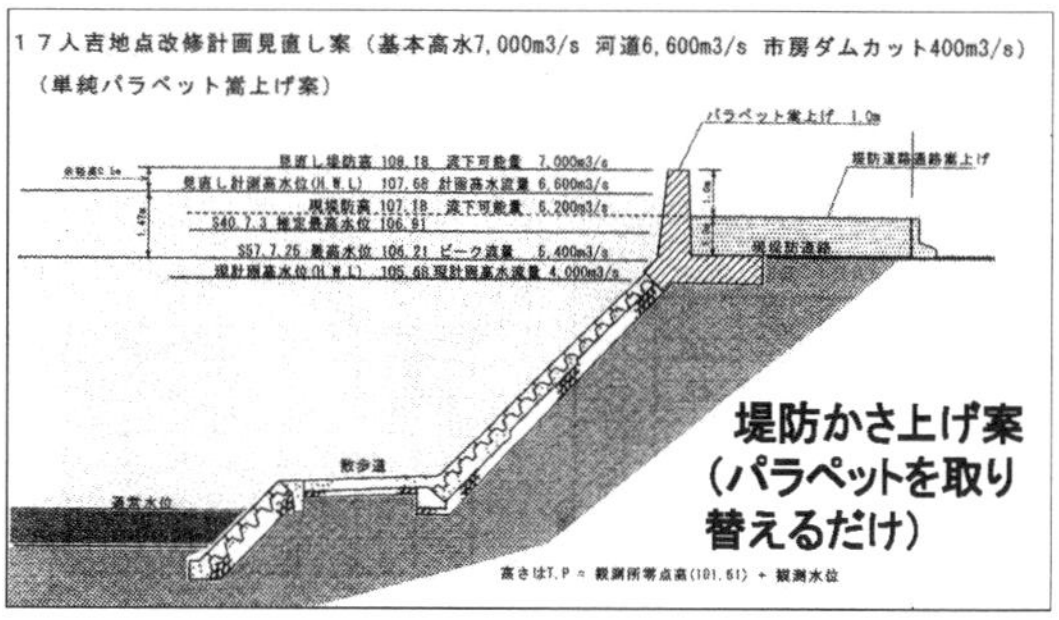

図解②-3 ダムを上回る「堤防かさ上げ案」の効果を隠蔽

命の危険がわかっていたはずなのに

何かが起こるのを待っていた！ 国交省そして首長、議員

ダムによらない対策は、「何をやっても安全度は上がらない」とおどし続けた国交省

変わらない

基準地点等	水位が計画高水位または地盤高を下回る洪水	年超過確率(注1),(注2)	「直ちに実施する対策」実施後の年超過確率
人吉市 人吉	既往第4位洪水と同程度の流量規模の洪水	1/5〜1/10程度	1/3〜1/5程度
球磨村 大野	既往第1位洪水と同程度の流量規模の洪水	1/10〜1/20程度	1/10〜1/20程度
八代市 横石	既往第1位洪水と同程度の流量規模の洪水	1/20〜1/30程度	1/20〜1/30程度

堤防かさ上げだけは絶対にさせない

【球磨川本川】堤防嵩上げ案（人吉地区）の対策案の選定 24

○これまでの協議会における堤防嵩上げ案に対する意見としては、治水上の影響や地域社会への影響を懸念する意見が出されている。

○これまでの協議会等における堤防嵩上げ案に対する意見

・堤防嵩上げは、堤防を高くすると水害時のリスクが増大し将来にわたって地域が抱え込むこととなる。水位を上げない対策をお願いしたい【球磨村長】

・人吉市では昨年度から3箇年かけて景観条例の策定に取り組んでおり、これまでに実施したアンケートでは、中川原公園や人吉城跡など球磨川沿いの景観を尊重する意見が多く出されている。そのため、引堤や、特に堤防嵩上げは最大で1.3mの嵩上げとなり視界を遮るため、実際に事業化するには景観上のコンセンサスを得られるか危惧する。【人吉市】※第6回球磨川治水対策協議会（平成25年12月）での発言

今になって、「環境と命の両立」、「やれることはすべてやることが重要」などとうそぶく知事や首長、議員たち。
なぜ今まで堤防かさ上げなどダム代替案は「両立する努力」をしてこなかったのか？ その結果が、

> ダムの白紙撤回後、蒲島知事・流域首長・国交省は、長期間ダムによらない治水策を協議しながらついに結論を出せなかった。結果的に、死者50人を出す惨事を迎えてしまった責任は極めて重い。（熊日2020. 11. 20）

ではないか。そして、国交省や県が「何かが起こるのを待っていた」ことも事実だ。

> ダムありきの議論になっていないか、との違和感がある。国や県に堤防や宅地かさ上げ、河床掘削、遊水池の整備などの治水対策を要望し続けてきたが、要望通りには実施されてこなかった。やるべき対策が約10年間進められないまま、今回の災害が起きた。相良村長（熊日2020. 10. 22）】

地元の金子衆院議員に至っては、

> ダムの白紙撤回を非常に残念に思った一人だ。必ず災害が起こると思っていたので、本当にこれで守れるんだろうかと。責任を負わなければいけないのは、（ダムによらない）を主導した自治体の長です。ダム容認の決断をした知事に敬意を表します。（朝日2020. 12. 8）】

災害が起こることを確信しながら、自らは何を？

図解②-4 ダムを上回る「堤防かさ上げ案」の効果を隠蔽

県議会質問「堤防かさ上げしていたら浸水しなかったのではないか?」蒲島知事答弁「かさ上げはやらない」

12月2日の県議会一般質問で、山本議員（共産党）は、川辺川ダムの効果だけ優先して、ダムによらない治水の効果検証がおろそかにされていることを指摘。その証左として、治水対策協議会のダムによらない治水案のひとつ「堤防かさ上げ案」が実施されていれば、川辺川ダムよりも効果があり、7月の洪水でも人吉市街は浸水しなかったのではないか、なぜ検証しないのかと質問、回答を求めました。これに対して蒲島知事は、「協議会でまとまらなかった」、「堤防かさ上げは安全ではない」などと、やらない理由を述べただけではぐらかし、「もし、実施していたらどうなったか」には一言も触れなかった。否定もできず、まともに答えられない逃げの答弁が指摘の正しさを物語っている。

知事のこうした姿勢は、有効なダムによらない治水対策を12年間も実施しなかった責任逃れと言っても過言ではない。

また、こうした議会や住民団体からの「堤防かさ上げで浸水を防ぐことができる」との指摘は、国交省や県知事が一貫して無視しているため、マスコミでも一切報道されず、箝口令が敷かれ、タブーとされている。県民の命に関わる問題なのに！

救われた命があったはず！

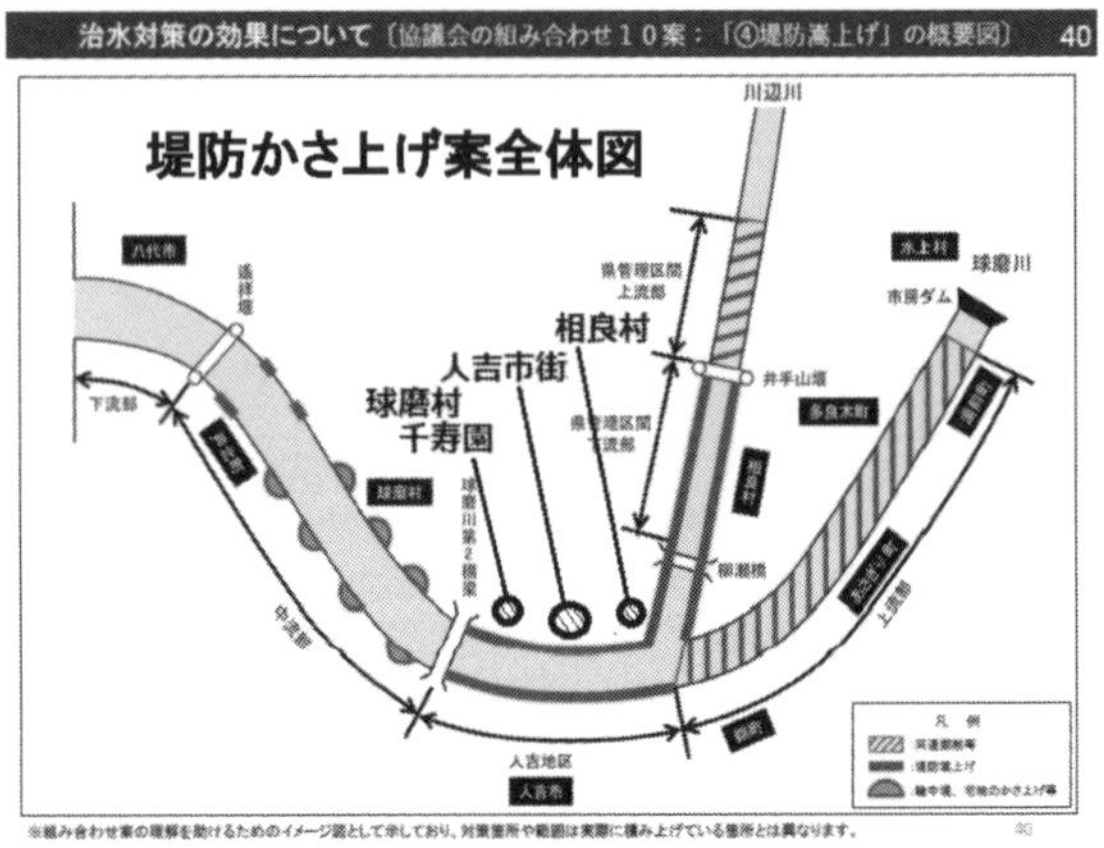

自分たちで提案しておきながら「安全ではない」と否定する究極の二枚舌

図解③-1 緊急放流の危険性

設計洪水流量ならダムによる調節は破綻

川辺川ダムがある場合の不都合な事実

検証委で示された7．4洪水のグラフを川辺川ダムの設計洪水流量5160トンまで単純に拡大した場合のダム操作のシミュレーションを作成。これによると放流量はダム地点で堤防が流せる流量800トンを大きく超え、3000トンに達した。7．4洪水はピークが尖った形の洪水なのでこれだけだが、洪水がさらに1～2時間続けば、ピーク流量が5160トンより小さくても、放流量は急激に増加して限りなくピーク流入量に近づいていく（図中の点線）。

ダムは洪水が計画内に収まれば効果を発揮するが、自然相手ではそうなることを祈るしかない。下流住民はダムがある限り、大雨のたびに「緊急放流」に怯えることになる。対して、ダム無しで、流量3520トンを流すための基準どおりの堤防があれば、堤防満杯では4000トン以上流すことが可能であり、堤防から溢れる量は限られる。

※ 堤防のできないところでは家屋かさ上げや輪中堤など

もし、球磨川と同じ雨が降っていたなら・・・

「緊急放流」の恐怖が襲う

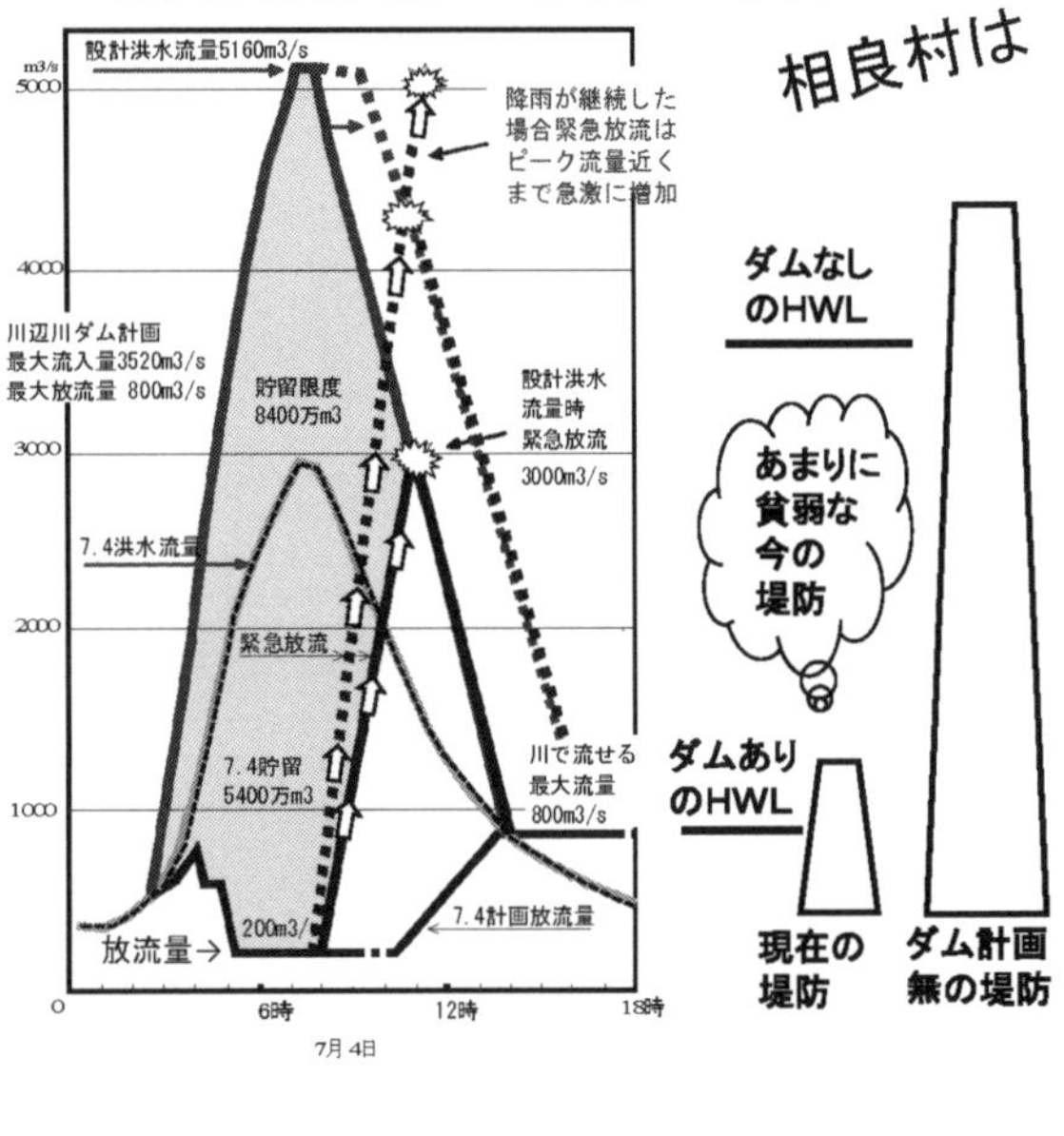

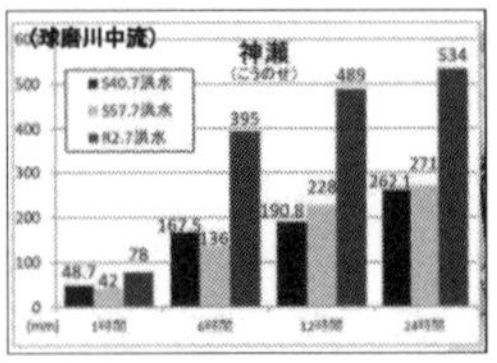

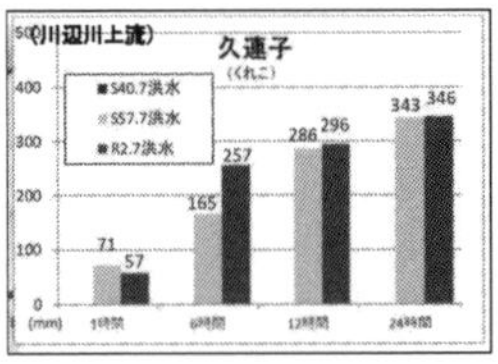

球磨川中流域から球磨川本川上流沿いに多量の雨が降り、川辺川ダム流域、市房ダム流域北側の降雨は比較的少なかった

図解③-2 緊急放流の危険性

弱小堤防で「緊急放流」は防げない ダムがあるばかりに眠れない夜が続く

冗談ではなく怖い話

住 民　こんなに低くて小さい堤防で3600トンも洪水を流せるとは思えない。堤防をもっと高く、大きくして欲しい。3600トンは白川の流量3000トンより多いよ。白川の堤防はとても高くて大きいし、鋼矢板の基礎にコンクリートで固められてる。県庁所在地だからあんなに立派なの？
国交省　いやいや、そうではありません。川辺川は川のなかで流すのは、わずか900トンですから、これで大丈夫なんですよ。
住 民　残り2700トンの洪水はどうなるの？
国交省　川辺川ダムで止（溜）めます。
住 民　ほんとうに大丈夫かな？流れてこないの？
国交省　私たちの計画の範囲内なら全く問題ありません。
住 民　大丈夫大丈夫て言うけど、計画を超えたらどうなるの？
国交省　ダムの安全のために緊急放流します。でも大丈夫です。そのために避難計画があります。サイレンで知らせますから
住 民　また大丈夫て、寝てたらどうするんですか？家が浸かるでしょ。
国交省　雨降ってる時は起きててください。命が大事。家はしょうがないでしょ。計画超えたんだから、不可抗力ですよ。
住 民　不可抗力じゃない人災でしょ。さっきから「堤防高く、大きくして」って言ってるでしょ。それをやらないんだから不作為ですよ。何十年も要望してるのに、あふれるとわかってて、やらないのは無責任ですよ。
国交省　そんなことないですよ。だって、知事も市町村長も賛成してますから。わかったうえでやってるんですから。ダムにまかせておいてください。
住 民　冗談・・・・・じゃない？？？

川辺川下流右岸新村橋付近から上流を臨む（低くて幅の狭い堤防）

2018年7月7日の愛媛県の野村ダム緊急放流

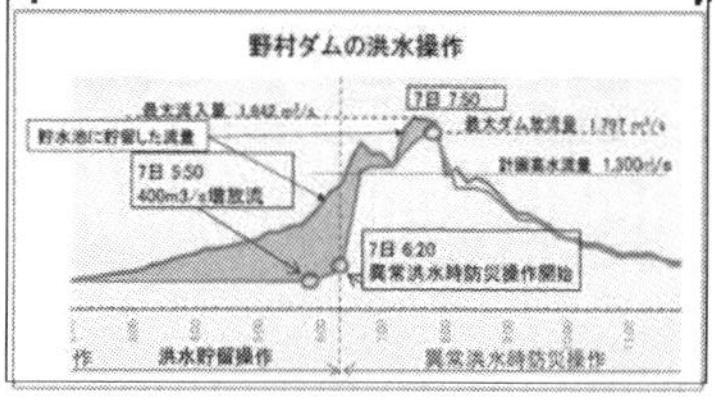

図解④ 今すぐ行うべきは越水防止工事

ほかの河川の「普通」は球磨川には通じない 堤防かさ上げはダムの障害になるのでタブー

H17年台風14号復旧工事
大淀川水系大谷川（宮崎県）

越水した堤防の緊急対策例

本格的な堤防嵩上げには新たな用地確保や嵩上げ完成までに時間を要するため、本設堤防完成までの「一時的な堤防嵩上げ」による緊急対策も実施されている。

河道掘削と堤防かさ上げで地域を守る。ほかの河川では基本的な対策として実施されている。球磨川（人吉）では、7000トンの洪水のうち3000トンをダムに溜める異常な計画をしている。川で流せる量が増えれば、その分ダムの持ち分が小さくなる。だから川で流せる量は絶対増やさない。そのためには掘削も堤防かさ上げもしない。できないのではない「しない」

相良村や人吉市温泉町付近、球磨村渡地区のほか支川などで堤防を越水したところでは、緊急的な越水対策として、こうした対策が考えられる。写真の「連続箱型鋼製枠」工法は、高さ1mで延長10m分（ユニット）の資材費は14万円である。

図解⑤-1　すべて千寿園の責任か？

ハードの不備はなかったのか？

球磨川洪水で14人の犠牲者を出した球磨村の特養施設千寿園に対して、被災後、「なぜ、こんな危険な場所に（施設を）造ったのか」と疑問の声が上がっている。一面的にはそういうことになるが、「まさか園が水に浸かるとは思っていなかった」という施設側の言い分もわからないことではない。その理由は、国交省が公表している浸水想定区域図の【計画規模版】では浸水区域から外れていたことや、支川の小川の水位を1m下げて、バックウォーターを防ぐため国交省が導流堤を造り、安全性の向上をアピールしていたからである。にもかかわらず千寿園は球磨川のバックウォーターと支川小川氾濫の挟み撃ちにあった。

導流堤は造られた時からすでに、その効果に疑問がもたれていた上に、「出口をカーブさせたことで土砂がたまり、かえって堰上げしてしまう」という指摘があった。支川出口にわざわざ導流堤で壁（蓋）を作って、支川小川の氾濫や球磨川からのバックウォーター被害を拡大したのではないかとの指摘である。単に「計画を超える洪水だったから」、「何があっても同じ結果だった」という言い訳で終わる問題ではない。

導流堤をこのままにしておいていいのか？時間経過ごとの水位の上昇、バックウォーターの発生、氾濫、浸水の広がり、そのなかで導流堤がどのように影響したのか？さらには模型実験の段階で指摘された導流堤で本川の幅を狭めることで本川の水位は上昇しなかったのか？　（つづく）

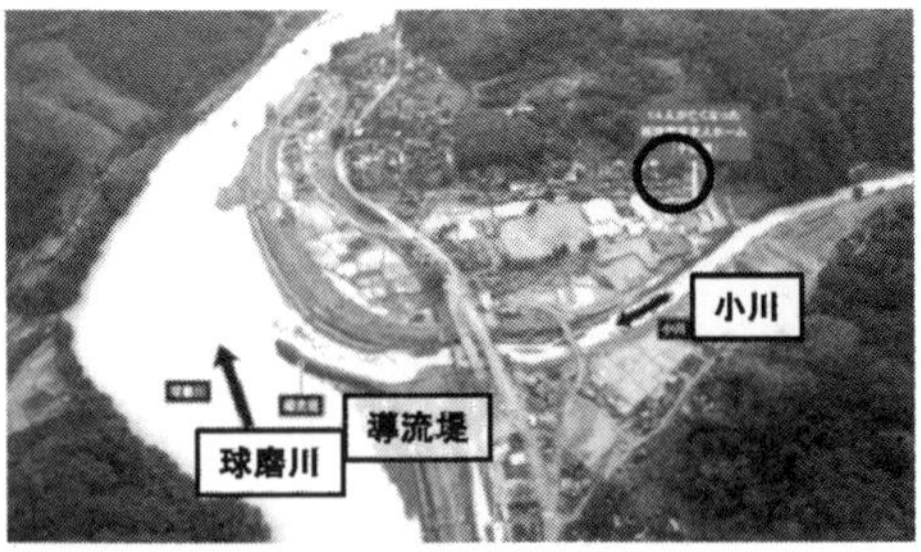

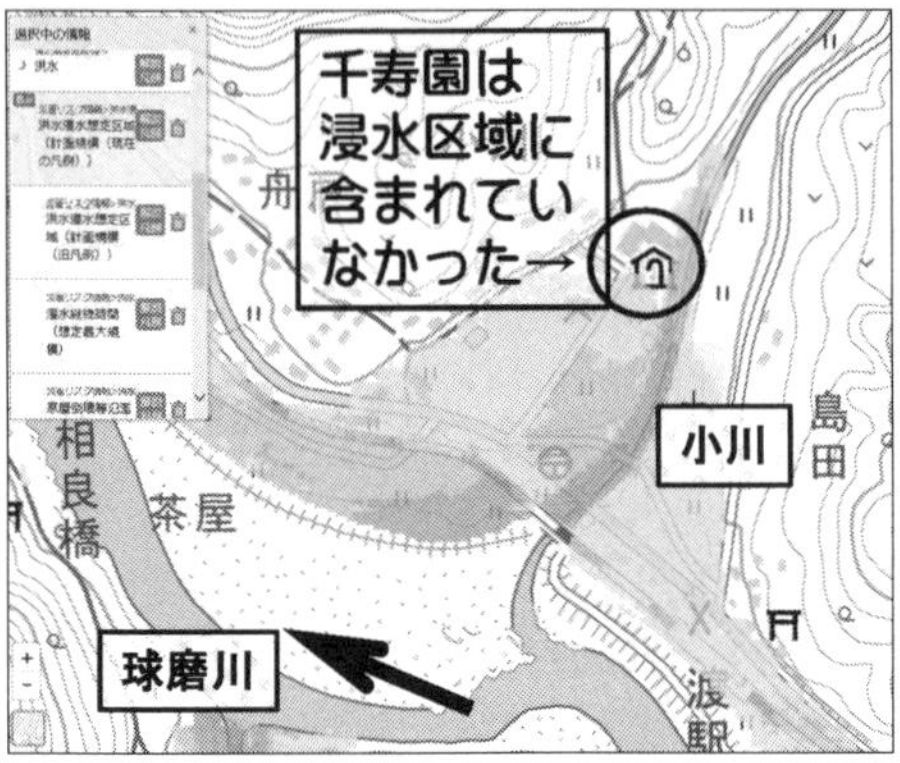

国交省ホームページから

図解⑤-2　すべて千寿園の責任か？

大洪水で役に立たない!?

また、模型実験では対象洪水はHWL以下でしか検証していない。堤防を超えるような洪水に対してどうなのか早急に結論を出す必要がある。堤防を超えるような洪水の流下の阻害になるような施設は撤去するべきである。

国交省は、「導流堤は計画規模以下の洪水を対象にした施設である」などというだろうが、命に関わる計画規模を超えるような洪水に対して無力であるもの、無力であるだけでなく却って危険を招く疑いのあるような施設に税金を投入して作り続けることは許されない。

この導流堤以外にも、この地区では、熊本県が管理する支川小川の著しい堆積土砂や未整備の堤防（から千寿園に濁流が流れ込んだ）、JR付近の堤防は2mも低いまま放置されていたことなどによって、急激な浸水が起こり、避難する時間を失うことになったのではないか？

そうしたことが、千寿園だけでなく地区全体の浸水被害を早めることになったと指摘されている多くの問題がある。こうした危険な状態がなぜ放置されたのか、国交省と県には犠牲になられた14人の方々の尊い命を無にしないために、どうしてこのようなことになったのかについて、詳細に検証し説明する責任がある。

二度と尊い犠牲を出さないために

ともすれば、千寿園の避難誘導問題だけに焦点があてられ、施設管理者に批判が集中しているように思われる。しかし、それだけではないはずだ。渡地区は最も激甚な被災を被ったところである。国交省と県はこれまで、様々な治水対策工事を行ってきたが、抜本的な対策ではなかった。対策工事の完成を盛大にアピールしながら、一方では、対策の目的や効果、対策後も残る不十分な治水安全度については説明責任を果たしてこなかった。

今後、渡地区の治水対策をどう再構築するかが問われている。そのためには、これまで実施した対策の検証を行うことは不可欠である。

図解⑥-1 ダムありきが奪った命

球磨川水系の治水について

平成 13年 10月

国土交通省九州地方整備局
川 辺 川 工 事 事 務 所

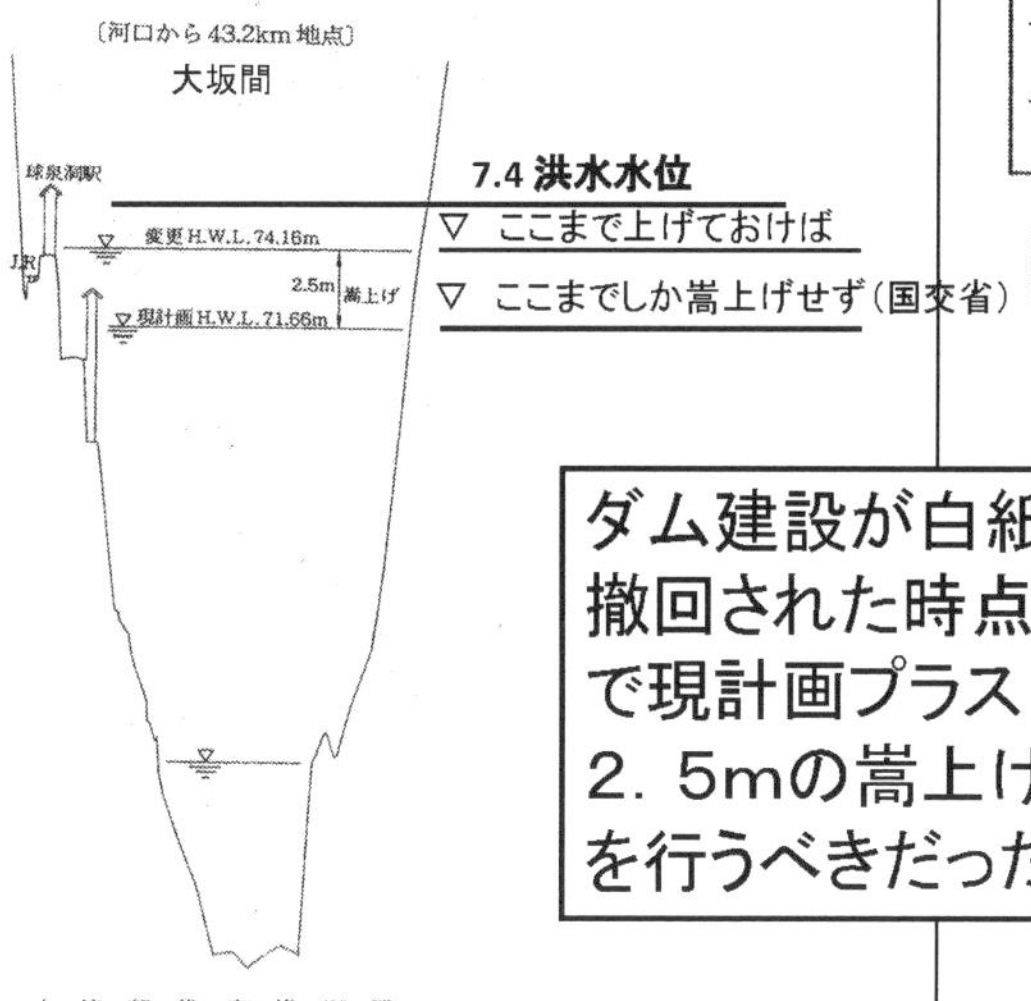

中 流 部 代 表 横 断 図

ダム建設が白紙
撤回された時点
で現計画プラス
2. 5mの嵩上げ
を行うべきだった

1） 堤防嵩上げ案

① 堤防嵩上げ案とは、現行の河道計画で設定している堤防を嵩上げすることにより現行の計画高水流量（市房・川辺川両ダム洪水調節後流量）に対して増加する流量を河道で処理する案である。

② 治水対策比較案の概要

主な影響	主な利点	主な事業	概算事業費
・人吉市街部などの球磨川沿川では約 550 戸の家屋や旅館等の移転が必要となる。 ・中流地区では約 20km にも及ぶ鉄道付替や約 7km の国道嵩上げ等が必要となる。 ・高い堤防が市街地と河川を分断して景観・眺望が悪くなり、観光等に影響を与える。	・河道内の大規模な掘削が伴わないため河川環境への影響が最も少ない。	用地取得 ：約 40ha 家屋・旅館等移転 ：約 550 戸 橋梁架替 ：16 橋 鉄道付替 ：約 20km	約 2,100 億円

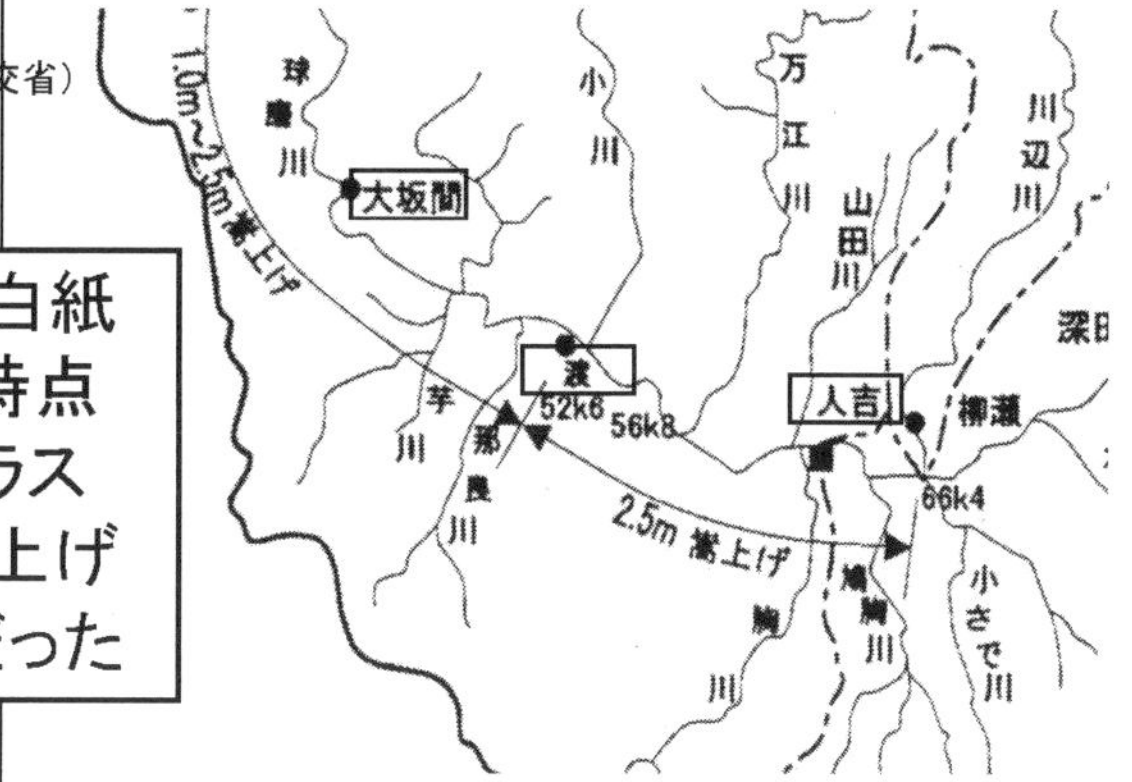

図解⑥-2 ダムありきが奪った命

わかっていたはずなのに放置した責任は重い

球磨村一勝地の大坂間（球磨川河岸沿いにあった民家）

川辺川ダムが白紙に戻ったあと、平成21年1月から「ダムによらない治水」の検討が始まった。大坂間の宅地かさあげはこの後、施工された。（完成：H24年3月）。当時の国交省のダム無し代替案なら、さらに2. 5m宅地をかさ上げする必要があった。しかし、国交省は川辺川ダムに固執し、ダムで下げる予定の水位（HWL）までしかかさ上げしなかった。 当然、高さは足りず、ほぼ川の中に存するこの地は極めて高い危険性が予見できた。この最も危険な所に生活する住民に対して、国交省や球磨村はその危険性を警告していたのか。国交省は、「ダムがあれば、水位は計画堤防高付近まで下がる」とする結果を検証委員会に出しているが、それを信じて、ここに住む勇気は誰にもない。知事でも、国交省職員でもだ。その場に立って見ればわかる。5m近い洪水痕跡からダムで1. 6m水位を下げたとしても浸水は3mを超える。

二度と尊い犠牲を出さないために

かさ上げ工事が終わり、新しい家が建ち、「もう安心」、「もう大丈夫」と言われたかもしれない。しかし、7. 4洪水によって跡形も無く、無残に流された。ダムで無し代替案で、せめて2. 5m上乗せしてかさ上げしてあれば、失われることのない命だったかもしれない。

川辺川ダム建設計画がある限り、また、今回水位以上に地盤のかさ上げが行われない限り、ここに再び家を建て、住むことはできない。

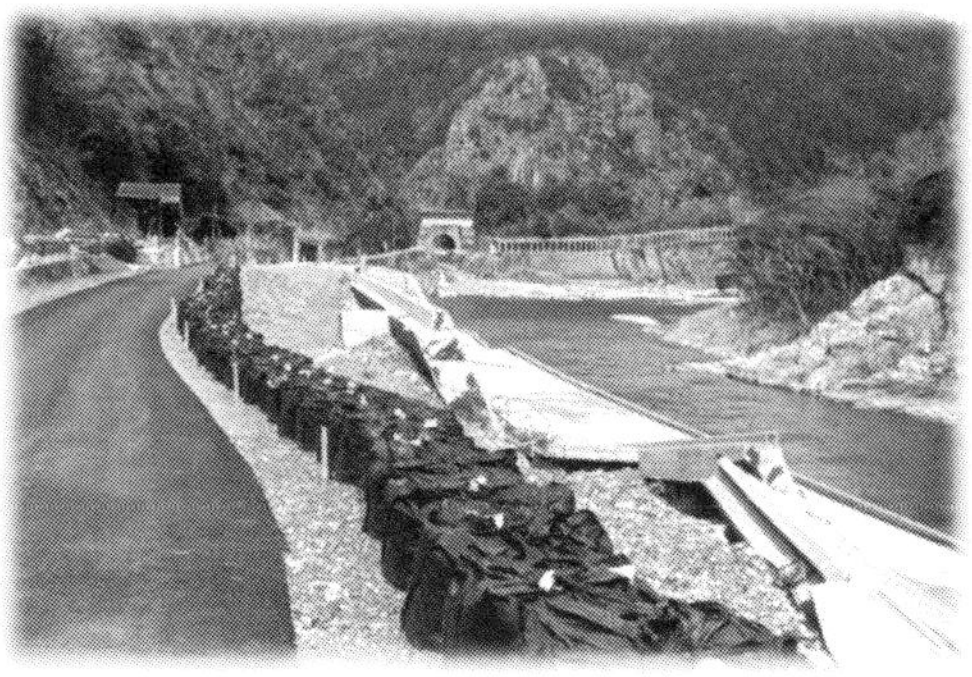

ＪＲ肥薩線の球泉洞駅と球磨川の間にあった民家は流され５人が犠牲になった。今は、何一つ残っていない

図解⑦-1 ダムに頼らない「かさ上げ」と「高台移転」で安全安心を

逃げ場の無い中流地区にダムの選択枝はない

国交省によると7．4洪水の流量は、坂本町横石で1万2千トン、球磨村渡で9千8百トンであった。ダムがあっても横石では1万トンの洪水。1万トンは、百年に一度の洪水量である。一方、ダムによる流量低減量2千トンは、ダム流域の降雨が想定内で計画どおりの操作ができた場合の期待値でしかない。

逆に異常洪水の場合、高い確率で「緊急放流」が発生し、効果はゼロになりかねない。ダム操作がうまくいくか、それとも異常洪水で「緊急放流」になるかは、天気しだいである。そのうえ「ダム建設を選択すればダムで調節する予定の2千トン分は堤防の高さが低く抑えられる。」という不都合な事実は全く知らされていない。これが中流だけで30数名の犠牲者を出す原因のひとつになっている。

球磨川では、川辺川ダム建設計画策定から数十年間も堤防や宅地かさ上げの高さは、ダム建設前提で低いまま進められてきた。川辺川ダム建設が白紙に戻ってからも変わらなかった。今回被災した地区もダムによらない治水が議論されている最中に低い計画のままかさ上げが進められた。もし、堤防がさらに2．5m高く施工されていればと悔やまれる。12年間もダム無し治水の具体策を棚上げした責任をとらないまま、逃げ場のない山間狭窄部の人々に対して、今また、「一か八かダムに期待して完成するまで我慢してくれ」と言うことはできない。また、「少しでも水位が下がるなら」とダムを推進することは危険な賭けである。

被災地で今必要なのは、7．4洪水被害からの復旧・復興であり、住民の安心・安全の確保、生活支援である。そのうえで、将来的な地域のあり方と治水について住民と行政が話し合って決めていくことである。その前提に洪水を防ぐことにならないうえ、「緊急放流」に脅かされ、宅地かさ上げ高さを抑制されるダムなど到底あり得ない。

ダムによらない治水を検討する場開始以降に改修事業を実施した箇所（数字は7．4洪水で犠牲になられた方）

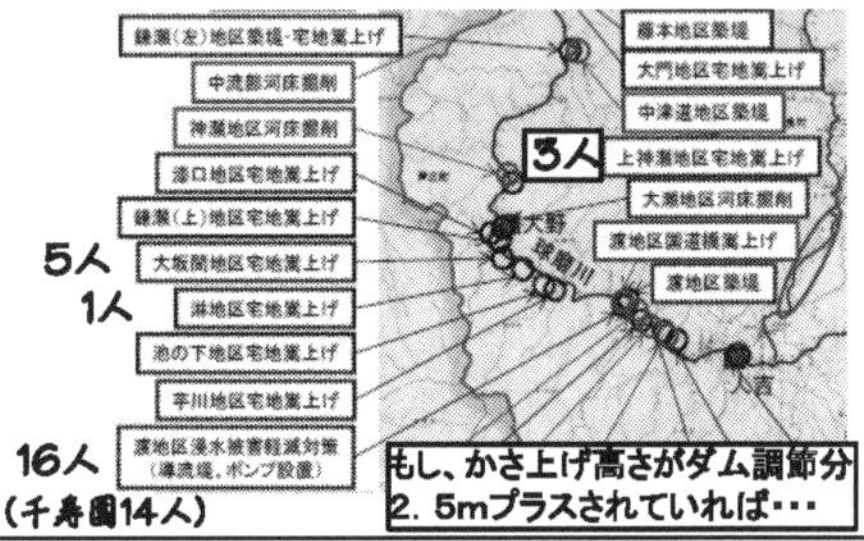

図解⑦-2 ダムに頼らない「かさ上げ」と「高台移転」で安全安心を

中流地区の抜本的洪水対策は今回水位以上の高さに宅地・建物のかさ上げか高台移転しかない

かさ上げされた建物（坂本）

かさ上げされた建物（坂本）

ピロティ式の建物（坂本）

1万トンも流せるはずがない瀬戸石ダム
流れ阻害の元凶は撤去しかない

図解⑦-3 ダムに頼らない「かさ上げ」と「高台移転」で安全安心を

7.4水害からの復旧・復興と街づくり

川沿いの宅地かさ上げで洪水を阻む

球磨・人吉の多くの人たちが宝の球磨川と共に生きていくことを望んでいます。しかし、濁流にのまれた今回の恐怖は二度とあじわいたくない。ダムの「緊急放流」も怖い。

今回規模の洪水から人吉市街を守るには、堤防を1．3m～2．0m程度かさ上げすることで可能です。堤防のかさ上げ話はこれまでもありましたが、実現しませんでした。堤防工事は国交省が治水計画に基づいて実施するため、計画が見直されない限りできません。しかし、復興の中で住宅やホテルや店舗などの再建や配置、地盤のかさ上げなどは住民・自治体が主体となります。

これから街の復旧・復興がはじまります。防災のため、被災した住宅でこれから再建されるところは、2階建て以上、またはピロティー構造とし、1階は非住家の駐車場や倉庫などとして使う。1階を使うお店などは耐水性のある建物にする。可能な限り、宅地そのものを今回の水位以上に盛土することが理想です。こうしてできあがった一戸一戸の建物や土地を線（壁）として結べば、洪水を防ぐことができます。（図解⑧）

創造的復興に向けて はじめの一歩を

しかし、宅地のかさ上げは、すぐに実現するわけではありません。5年・6年とかかるかもしれません。しかし、絶対に、この12年間の空白を繰り返すわけにはいきません。次の洪水に向けた対策は、今すぐ行わなければ間に合いません。その一つに可搬式（組立式）洪水防止壁があります。

これは水防工法のひとつです。「水防」は河川から洪水があふれそうな時に消防団が臨時的に土のうを積み上げ浸水を防止することです。宮崎県の五ヶ瀬川には畳堤とよばれる防水施設があります。

「防水壁」を現在の堤防の高さプラス1．3m～2．0mで作ります。（高さは地域の合意で決定）

人吉市温泉町など下流の土堤の箇所は容易に堤防のかさ上げが可能ですが、それも合意には時間を要します。同じように水防工法として、堤防上に大型の土のうなどを並べる応急的な対策があります（図解④）可能な工夫で強固で見た目も配慮したものが求められます。

可搬式洪水防止壁設置イメージ

オーストリアで使われた事例

可能な限り防水壁はコンクリートで堅固なものに

図解⑦-4 ダムに頼らない「かさ上げ」と「高台移転」で安全安心を

図解⑧-1　人吉市街地の防水壁設置と宅地かさ上げのイメージ図

現状

防水壁のみ（途中段階）

防水壁と宅地かさ上げ（住宅再建）が同時にできない場合は、防水壁の設置を先行する。

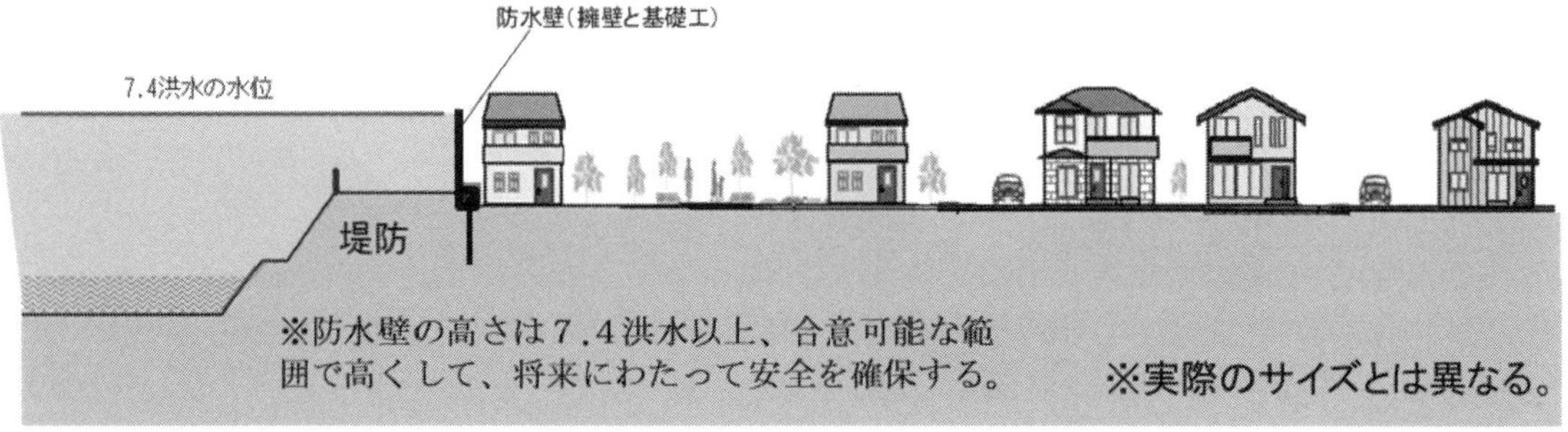

図解⑧-2

宅地かさ上げ完成

街づくりの中で、防水壁を設置し宅地かさ上げをすることで、いつになるかわからない川辺川ダムや遊水池を待つまでもなく安全は確保できる。

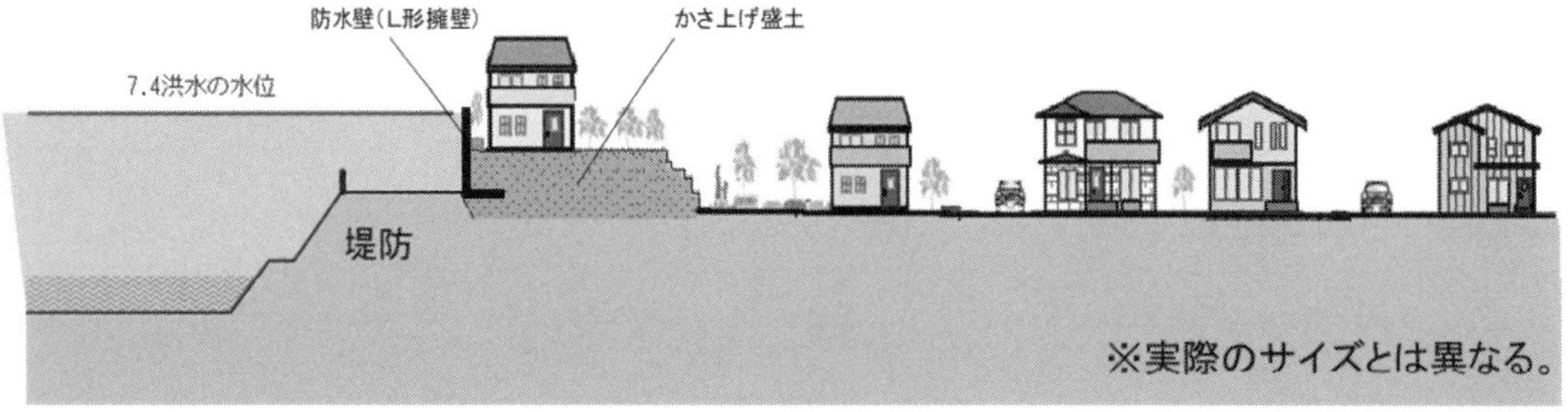

空き地は盛土による緑地帯などに

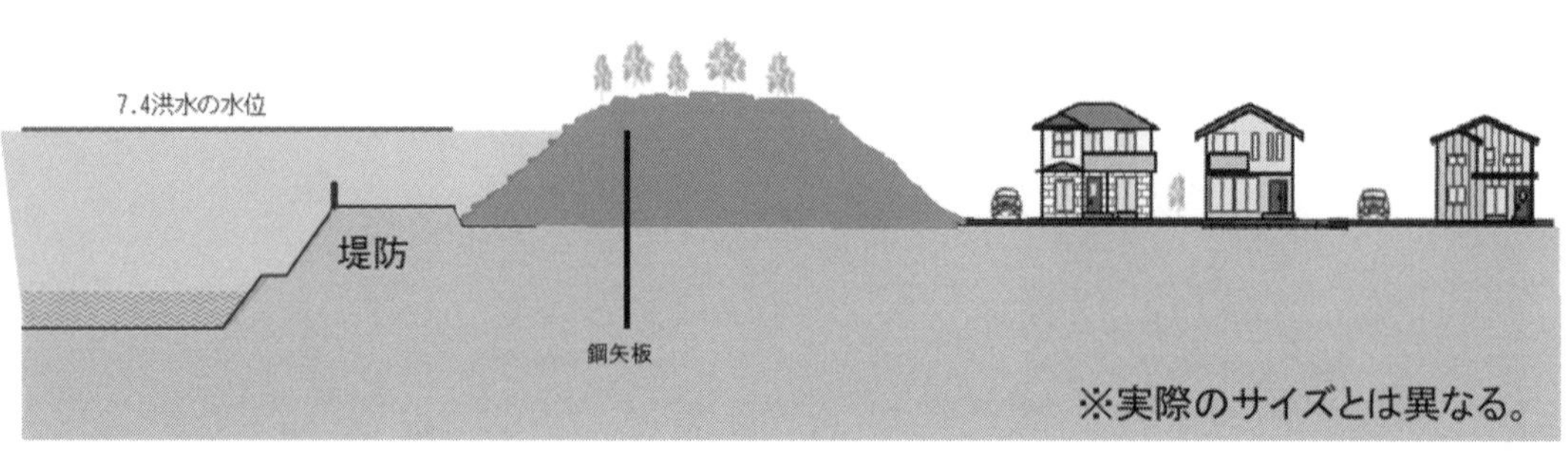

図解⑧-3

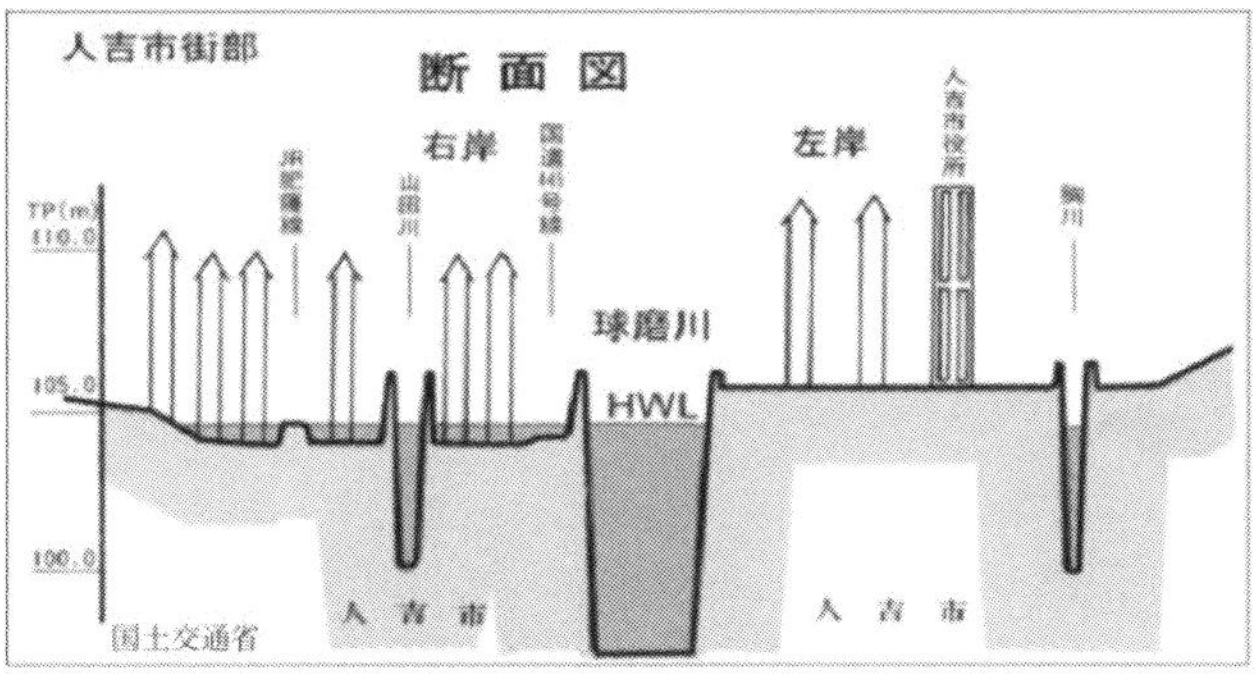

人吉市の市街地は（掘り込み河道）になっていて、市街地の地盤が高く、かさ上げがしやすい地形的な優位性を備えている。

防水壁と宅地かさ上げで市街地を囲う

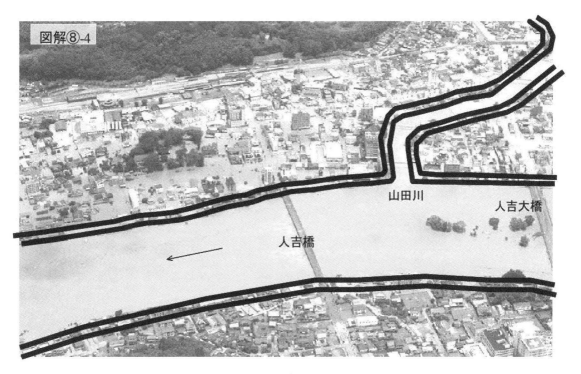

2　二〇二〇年七月人吉豪雨で何が起こったか

はじめに

このところ、これまでに経験したことのないような甚大な気象災害が、忘れる前にというよりも頻繁に、しかも身近なところでも発生し、異常気象に対する関心が高まっています。

ここでは、そもそも異常気象とは何かを知り、正しく恐れ、気象災害から生命財産を守るために、何が必要かを共に考えていただければと思います。

1　異常気象とは何か

①異常気象の定義

異常気象には定義があります。

IPCC（気候変動に関する政府間パネル）は、異常気象を「極端な事象」と呼んでいます。気象庁HPには、「原則としてある場所（地域）・ある時期（週、月、季節等）において30年間に1回以下の出現率で発生する現象」を異常気象とし定義しています。

この30年に1回以下という基準には、異常気象が定義された当時の人々の寿命も影響しているようですが、その人が住む地域において、一生に一度経験する程度の稀な現象を異常気象と定義しています。

また、異常気象は、地域によって基準が大きく異なります。一例をあげれば、多雨地域での異常な大雨と砂漠地帯での異常な大雨とでは、数十倍もの大きな違いがあります。

②異常気象の判定には正確な気象観測と永年の統計が不可欠

この異常気象の判定には、実は30年以上にわたる正確な気象観測と統計が必要です。正確な気象観測と統計があれば、それらのデータから、その地域では最大どの程度の大雨の可能性があるのか、これまでに河川の水位がどの程度上昇したかなど、起こりうる気象状況を事前に把握することもできますし、これを基に危険な区域と安全な地域を知ることもできます。

気象の特性を知れば、気象災害に恐れおののくだけではなく、正しく恐れ、起こりうる災害に備え、より安全な場所に居住することも可能です。また、数十年に一度の異常気象時には、更に安全な場所への避難を事前に準備することも可能となります。

気象予測の精度は年々きめ細かく、そして精度も良くなっています。しかし、より緻密な予測（シミュレーション）には、より緻密で正確なデータの蓄積が不可欠で、データがなければ何も予測することができません。

レーダーや静止衛星の技術が進み、全て静止気象衛星や雨量レーダーできめ細かく観測されていると勘違いされる向きもあります。気象レーダーは、レーダーサイトからマイクロ波を発射し、雨雲に当たって跳ね返ってくるマイクロ波の時間のズレや減衰の度合いにより、雨雲の強さと距離を特定するものです。マイクロ波は、強い雨雲に当たると反射されますが、その強い雨雲の先は正確に観測することができません。これを補うためにいくつかの気象レーダーを合成することで、より実況に近い観測結果を得ようとしています。しかし、それでも正確とはいえないのです。

気象レーダーの観測値を更に実況値に近付けるためには、約10km四方に点々と設置されているアメダスの雨量の実況をとり込み、気象レーダーの観測値をより実況に近い値に補正する必要があります。そういう意味で、狭い範囲で猛烈に降る線状降水帯の雨量をより正確に観測するためには、従来のアメダスやレーダー観測網は目が粗いのではないでしょうか。

同様に気象衛星は、赤道上空3万6000kmから雲を観測していますので、豪雨時に何層にもなる雨雲全体を観測することは不可能ですし、その解像度も粗いものになります。

③地球温暖化の原因は人為起源二酸化炭素と断定

一生に一度経験する程度の異常気象が度々発生し、統計の過去最大や最高といった記録を頻繁に更新する事例が目を引きますが、その原因の多くは地球温暖化によるものと指摘されています。

世界の年平均気温は、概ね11年の周期で変化していることが知られています。しかし、**口絵図1**のように、長期の統計から、地球全体の平均気温は、周期的に変化しながら全体として上昇傾向にあることが分かります。

一九八〇年代、一部の気象学者は、地球が温暖化している可能性の高いことを指摘し、その原因は温室効果ガスである二酸化炭素の増加が主な原因であると指摘しています。その後、温暖化についていくつかの論争が続きました。

二〇〇七年二月に国連の気候変動に関する政府間パネル（IPCC）の第4次評価報告書（AR4）は、膨大な量の学術的知見が集約された結果、人為的な温室効果ガスが温暖化の原因である確率が9割を超えると評価しました。

ところで、各国の気象観測データは、WMO（世界気象機関）の取り決めで、全世界に無償で共有され、全世界で利用されています。コンピュータ技術の飛躍的発展やシミュレーション技術の高度化によって将来予測の精度が高まり、今日では温暖化の原因は二酸化炭素の増加によるものと結論付けられていますが、地球の七割を占める海洋の観測データは少ない上に、過去のデータがほとんど無いに等しい状況で、シミュレーション結果が本当に正しいか、判断ができません。現在は、気象衛星や海洋漂流ブイなど様々な自動観測機器によって、莫大な観測データが日々収集され、観測の空白域を埋めているところです。ある程度の期間のデータが揃えば、シミュレーションの結果の評価ができます。

しかし、正しい評価を待っていては手遅れになります。とにかく一日も早く、地球温暖化対策を全世界で始める必要があります。

2　異常気象は2タイプ

異常気象には、２つのタイプがあります。

①同じような気象が長期間持続することで起こる極端な気象現象

長雨、干ばつ、熱波、寒波などは、同様の気象状況が長期間あるいは断続的に続くことで引き起こされます。

本来、天気は大気のダイナミックな循環に伴い、数日の周期で変化を繰り返します。しかし、稀に晴天が長期間持続することで起こる干ばつや水不足、次々に寒気が流れ込むことにより起こる寒波や豪雪などがあります。

このような現象の多くは、上空５０００mを流れる偏西風の南北蛇行が大きくなり、その状態が長期間続く、「ブロッキング現象」が発生することにより引き起こされることが分かっています。

偏西風は**口絵図2**のように蛇行していて、常に2～5つ程度の波が生じています。この波が西進したり東進したりして、天候を左右しています。偏西風の波が3つになると波の振幅が大きくなりやすく、移動速度が遅くなり、時として停滞することがあります。これをブロッキング現象と呼びます。ブロッキング現象が発生すると、数日間あるいはそれ以上にわたって同じような気圧配置が続き異常気象となることがあります。

また、図のようにブロッキング現象の影響は広範囲で地球規模の現象ということができます。なお、ブロッキング現象は、極付近の気温と中緯度付近の気温差が小さくなると発生しやすいという実験結果があります。

②短時間に狭い範囲に集中して起こる激しい気象現象

もう一つは、局所的に集中して起こる短時間の激しい現象です。球磨地方に豪雨をもたらした線状降水帯もその現象の一つです。

気圧配置や地形の影響により強い上昇気流が発生すると、積乱雲が作られ、雷を伴う激しい雨を降らせ、時として竜巻や突風が発生します。一般的に積乱雲は、上空の風に流されながら発生、発達、最盛、衰弱の積乱雲の一生を数分から十数分で終えます。激しい雷雨の寿命もその短時間ですが、その間に30㎜を超えるような激しい雨を降らせます。

ところが稀に、数時間にもわたってこのような激しい現象が断続的に続く場合があります。その多くが線状降水帯と呼ばれるもので、レーダー観測では非常に強い降水域が南北方向に十数㎞、東西方向に１００㎞程度の帯状に伸びているのを見ることができます。気象衛星では、西側一点から発生した雲が東に人参状に細長く広がる雲域として見ることができます。

線状降水帯では、積乱雲の発生、発達、最盛、衰退のサイクルが連続的に次々に繰り返されながら線状に連なり、連続的に生み出される積乱雲の激しい雨が同じような場所に断続的に降り続ける現象なのです。

線状降水帯の研究はまだ始まったばかりで、発生のメカニズムは十分に解明されていません。発生予測にも、まだまだ多くの研究の余地が残されています。毎年のように甚大な被害を引き起こす「線状降水帯」のメカニズム解明と、予測精度向上を目的として、十分な予算と人員を充てて欲しいものです。

3　人吉の豪雨と線状降水帯

①二〇二〇年七月四日の人吉豪雨で何が起こっていたのか

一般的に七月に入ると、梅雨末期と呼ばれます。梅雨末期の特徴は、太平洋高気圧の勢力が次第に強まり、高気圧の周辺には暖かく湿った空気が蓄積され、低気圧や前線が日本付近に進んで来ると、これに向かって暖湿空気が大量に流れ込み、しばしば大雨災害をもたらします。

二〇二〇年七月豪雨は、まさに梅雨末期の大雨の典型ともいえます。七月三日朝、日本列島の南には東西３０００㎞に渡る梅雨前線が延びています。この梅雨前線上の中国大陸東岸付近で低気圧が発生します。この低気圧は四日の未明に九州北部に進みます。熊本県付近に梅雨前線が停滞し、低気圧や前線に向かって、遠く南シナ海付近から暖湿空気が流れ込み、熊本県を含めた広い範囲で大気の状態が非常に不安定となりました。

熊本地方気象台は、気象解析による予測に基づき三日16時21分「大雨に関する熊本県気象情報第3号」を発表し、警報級の雨への警戒を呼び掛けました。

22時52分には、芦北地方・球磨地方に「洪水警報」を発表して、警戒と早期の避難を呼び掛けています。

四日未明から朝にかけ、県の南部を中心に局地的に猛烈な雨や非常に激しい雨が降り続き、芦北町付近では四日3時20分に1時間約１１０㎜の猛烈な雨を解析、3時30分に「熊本県記録的短時間大雨情報第1号」が発表されました。その後も天草市、芦北町、津奈木町、人吉市、あさぎり町、球磨村、八代市付近で1時間に約１１０㎜から１２０㎜以上の猛烈な雨を解析、次々に記録的短時間大雨情報が発表されています。4時50分には天草・芦北地方、球磨地方と八代市に「大雨特別警報」が発表されました。「大雨特別警報」はその地域で数十年に一度、または、これまでに経験したことのないような、重大な危険が差し迫った異常な状況にある下で発表されるものです。

②線状降水帯が豪雨を降らせるメカニズム

度々登場する「線状降水帯」の形態と、豪雨を降らせる仕組みは、気象庁の用語集によると「次々と発生する発達した積乱雲が列をなした、組織化した積乱雲群によって、数時間にわたってほぼ同じ場所を通過または停滞することで作り出される、線状に伸びる強い降水をともなう雨域」とあります。

2の②で説明しましたが、積乱雲が幾つも連なり線状に延びた降雨帯は、幅20～50㎞、長さ50～３００㎞程度と細長い形状から、これまでは帯状降水帯などと呼ばれていました。最近は「線状降水帯」と呼ぶのが一般的で、気象レーダーでは、東西に伸びる強雨域として見ることができます。

線状降水帯は、一つの積乱雲の発生から始まります。積乱雲は発生から発達、そして最盛期を迎えると雷を伴った強い雨を降らせ、その後は急速に衰退して消散します。線状降水帯では、このようなサイクルが次々に生み出され、線状に延びて行きます。

積乱雲は、上空の偏西風に流され東に進むので、東西に延びた線状の強雨域が形成されます。次々に積乱雲が創り出されるため、断続的に強雨が持続します。

このような降水システム持続には、大量の暖湿空気の供給が必要です。暖湿空気は海から供給されることから、海面水温が重要なカギを握っています。

③海面水温の上昇とその原因

線状降水帯を長時間維持させるには、大量の暖湿空気の持続的な供給が不可欠です。

台風は、海面水温27℃以上の海域で、その勢力を維持・発達させますが、これより水温の低い海域では衰弱することが知られています。近年、海面水温は高くなる傾向にあり、真夏には**口絵図3**のように、海面水温30℃のラインが日本列島の太平洋岸に接岸しています。このように水温の高い海域では、台風は衰弱することなく進み、強い勢力のまま接近・上陸することになり、広範囲に強風や大雨の被害をもたらします。二〇一九年九月九日、関東地方に上陸し、千葉県を中心に甚大な被害をもたらした台風第15号はその一例です。

また、日本のすぐ近海で熱帯低気圧から台風に発達し、直後に上陸するということも起こり、防災上の問題にもなりました。海面水温の上昇は、台風の姿や防災のあり方も変化させますが、梅雨の姿も変化させています。海面温度の上昇に伴い水蒸気量が増加します。増加した水蒸気は気圧配置によって、日本の太平洋岸に運び込まれ、そこに梅雨前線や低気圧があれば、積乱雲を発生させ、強い雨を降らせることになります。

④線状降水帯による過去の事例と変化

気象庁では、まだ線状降水帯の発生回数などの抽出・統計は行っていません。

気象研究所の加藤輝之氏と津口裕茂氏により、二〇一四年六月に発表された気象論文「集中豪雨事例の客観的な抽出とその特性・特徴に関する統計解析」が線状降水帯の発生回数をはじめて統計的に著したものです。この論文では「一九九五年～二〇〇九年の四月～一一月の期間を対象として、集中豪雨事例を客観的に抽出する条件を定義し、３８６事例の集中豪雨を抽出」「抽出した事例の地域・時間特性を解析したところ、関東・東海・近畿・四国・九州地方の太平洋側で多く、七・八・九月に全体の75％以上の事例が発生していた」「集中豪雨事例の特徴を見いだすために、集中豪雨をもたらす総観規模擾乱と降水系の形状に関する統計解析を行った。総観規模擾乱は、台風・熱帯低気圧本体（32・4％）がもっとも多く、停滞前線、台風・熱低の遠隔、低気圧、寒冷前線の順であった」「降水系の形状は、線状の降水系が多く、台風・熱帯低気圧本体による事例を除いたもののうちの64・4％を占めていた」と結論付けています。この論文では、線状降水帯の抽出条件に細かく三つの条件を付けています。

調査した一九九五年から二〇〇九年の四月から一一月の15年間に１６８事例、平均すると毎年10回以上の線状降水帯による大雨が発生していますが、回数の変化はどうでしょうか。残念ながら加藤氏の研究では15年間と期間が短いこともあり、線状降水帯の発生頻度の増加や減少といった傾向は読み取れません。災害に関するニュースなどから肌感覚では、線状降水帯の増加を感じている方も少なくないのではないでしょうか。

二〇二〇年一二月一五日に閣議決定された「令和二年度三次補正予算」による措置で、「線状降水帯の予測精度向上のための気象観測・監視の強化」という名目で気象庁に55億６５００万円の予算が盛り込まれました。

これほど世間を騒がせている線状降水帯ですが、これまで気象庁の一研究者の研究に留まっていたことに驚かれる方も多いでしょう。やっと国の業務として始動しました。過去のデータは十分に保存されています。統計的な変化や発生メカニズムの早期の解明と予測技術の開発なども期待されます。

４　地球温暖化の現状と予測

①地球温暖化の現状

口絵図１は世界の年平均気温、**口絵図４**は日本国内15地点での平均気温の推移です（細線は年平均、太線は五年移動平均、直線は長期の変化傾向）。グラフからは、ほぼ右肩上がりで上昇しており、一九七〇年代半ばからは急速に昇温していることが分かります。このように世界の年平均気温も日本の気温も同様に、変動しながらも上昇し、１００年あたりの上昇率は世界で０・74℃、日本では１・24℃となっています。

温室効果ガスである二酸化炭素の排出量の現実も深刻です。**口絵図５**は、世界の二酸化炭素の排出量の推移です。二酸化炭素の排出量は一九五〇年頃から急増し、近年は一九五〇年の4倍に達しています。ＯＥＣＤ加盟国の増加は近年鈍化していますが、世界全体の総量は増加し続けています。二酸化炭素の温室効果による温暖化に伴い、大気中の水蒸気量も増加します。水蒸気は雨のもとでもありますが、強力な温暖化物質でもあります。

また、高緯度のシベリアでは永久凍土が溶けだし、その地下に個体として眠っていたメタンが気化し、大気中に大量に放出されていることが話題になっています。メタンガスは、二酸化炭素の約30倍の温室効果があると言われており、地球温暖化に拍車をかけることにもなります。

②地球温暖化の予測

ＩＰＣＣは、今後の二酸化炭素排出の推移について、いくつかのシナリオを元に将来予測を公表しています。**口絵図６**は、人為起源の二酸化炭素の年間排出量の４つのシナリオで、一番下の太線は厳しい制限をした場合のシナリオ、一番上は排出量の制限が弱い場合、残り２つはその中間のシナリオです。これらの二酸化炭素排出シナリオを基に温暖化のシミュレーションを行った結果が**口絵図７**です。ＲＣＰ２・６シナリオでは、気温上昇は鈍化し、今世紀末でも現在と比較して２℃未満に抑えることが可能と予測しています。

しかし、規制をしなければ、今世紀末には4℃前後の上昇になると予測しています。これまでの１００年間で０・74℃の上昇を経験していますが、これからの１００年で4℃前後の上昇で気候はどう変わるのでしょうか。それよりも、先に示したように温暖化を食い止められないばかりか、温暖化の暴走が止まらなくなってしまいます。

ところで、地球温暖化が進むと、気象がどのように変化するのでしょうか。災害を伴う激しい豪雨は頻発するのでしょうか。

5　地球温暖化と異常気象

①地球温暖化で気象はどう変わる

コンピュータを使ったシミュレーション技術やコンピュータの演算能力は着実に進歩しています。これに伴い、様々なシミュレーションが可能となり、気象予測技術も目覚ましく進んでいます。

しかし、高度な気象モデルにより導き出された予測結果も、そのまま利用することはできません。何故なら、計算結果についてそれがどの程度信頼できるのか、検証が必要だからです。検証といっても、100年先の予測を検証するのに100年待つわけにはいきません。新たに開発された気象モデルの検証には、数十年前の気象データが入力されます。そして、数十年後の現在を計算させれば、その計算結果がどの程度現在を正確に予測できているか、途中の経過も含め比較・検証できるのです。

長期の予測には、地球全体をシミュレーションする全球モデルが使われます。全球モデルを扱うためには膨大なコンピュータ資源が必要になり、モデルは目の粗いものになってしまいます。

また、地球全体には、7割を占める洋上と砂漠や山岳地帯といった気象データが少ない地域を含むことから、その予測結果を十分に検証することができません。しかし、IPCCはこのような不確実性を含めても、地球温暖化が進行していることは疑う余地がないと結論付けています。

さて、気体は温めると膨張します。大気が温まり膨張すると、対流圏の上端、つまり対流圏界面の高度が高くなります。日本付近の対流圏界面の高さは、概ね冬場で10㎞、夏場では16㎞程です。激しい降雨をもたらす積乱雲は、この対流圏界面まで発達します。積乱雲の頂上が圏界面に達すると、水平方向に広がり、かなとこ雲となります。

その雨雲がどの程度の量の雨を降らせることができるかという可降水量は、地上付近から圏界面までに含まれる水蒸気の量に比例します。このため雲の厚さが増すと、可降水量も増します。

大気が温まるということは、鉛直方向の不安定度が増して、可降水量が増加し、激しい降水が起こりやすい気象状態となる。言い換えれば、夏場には日本付近が亜熱帯性気候のようになるということです。

口絵図8は一九七九年から二〇二〇年の年平均気温の長期変化傾向で、10年につき何℃上昇したかを表しています。よく見ると、高緯度ほど気温の上昇が大きいことが分かります。このことから、高緯度と低緯度との気温差が縮まっていることが分かります。低緯度と高緯度の気温差が小さくなると、偏西風の蛇行が大きくなり易くなり、長期間同じような気圧配置となる「ブロッキング現象」が発生しやすくなります。

球磨地方を中心に甚大な被害をもたらした「令和二年七月豪雨」では、偏西風の蛇行も原因の一つと指摘されています。そうであれば、温暖化に伴い「ブロッキング現象」が起こり易くなり、七月豪雨同様の激しい現象が場所を変えて日本のどこかで発生する可能性が高くなるということにもなります。

残念ながら、何年・何十年も先の気候を予測する気候モデルは、目が粗く、集中豪雨などの局所的な現象の発生頻度を予測すること容易に類推できます。

はできません。しかし、一九七〇年代半ばころから急速に進んだ温暖化に伴い、現在起こっている天候の変化が今後も持続することは容易に類推できます。

②線状降水帯に伴う豪雨の予測は、まだ緒に就いたばかり

令和二年度第三次補正予算で、気象庁の「線状降水帯の予測精度向上のための気象観測・監視の強化」に55億円あまりの予算が閣議決定されました。ここ20年あまり各地で甚大な被害を及ぼしてきた線状降水帯に関する監視や予測研究が予算化されていなかったことにも驚きですが、線状降水帯が及ぼす被害額に対する予算の少なさにも驚きます。

しかし、線状降水帯の監視や予測研究がやっと国の事業として認められました。これからは、順次観測体制も整備され、同時に過去の観測データを基に統計的な調査や発生メカニズムの解明が進められ、線状降水帯の発生予測の精度を高める国による研究がはじまることに期待をしたいと思います。

ところで、線状降水帯の発生とその持続には、海洋から供給される水蒸気の量やふるまいが重要な要素だということが既に判っています。この水蒸気の発生から供給の持続に至るメカニズムの解明には、海洋での観測が欠かせません。

これまで厳しく経費や人員を削減してきた気象庁は、海洋観測船を減らし、海洋にかかわる人員も削減し続けてきたため、資材も人材も不足している状態です。また、研究や開発には、コンピュータ資源も欠かせません。これは国民の生命や財産を守るための待ったなしの研究や業務です。早急に十分な予算を計上し、必要な人員も付けるべきではないかと思います。

③温暖化で台風は巨大化するか

地球の温暖化は、まず大気に現れます。空気は温まり易く冷めやすいという性質を持った気体で、気温に敏感に反応します。大気が温まると、海面水温と気温間に乖離が生まれます。やがて、この乖離を埋めるように、海水が大気の熱を吸収し始めます。

口絵図4の過去130年あまりの気温変化をよく見ると、気温が10年ほど上昇すると一旦足踏みをしているように見えますが、この現象をハイエイタスと呼び、この間に大気の熱エネルギーが海洋に取り込まれているのではないかと考えられています。大気のエネルギーが海水に取り込まれ、海水温が高くなると、海洋からの水蒸気の供給が増加します。このように地球温暖化に伴い海面水温が上昇し、水蒸気量を増加させながら、温暖化のエネルギーを蓄積しています。

文部科学省と気象庁が合同で発表している「日本の気候変動2020」によると、台風に関しては、現在までに観測されている変化では、台風の発生数や日本への接近数・上陸数には、長期的な変化傾向は見られない。「強い」以上の勢力となった台風の発生数や全体に占める割合にも、長期的な変化傾向は見られない。日本付近の台風の強度が生涯で最大となる緯度は、北に移動しているとしながらも、多くの研究から、日本付近における台風の強度は強まると予測されている（台風のエネルギー源である大気中の水蒸気量が増加するため）。4℃上昇実験（シミュレーション）の結果などから、日本の南海上においては、非常に強い熱帯低気圧（「猛烈な」台風に相当）の存在頻度が増す可能性が高いことが示されていると言います。

口絵図10は、世界平均気温が4℃上昇した状態における、非常に強い熱帯低気圧の存在頻度の、現在（一九七九～二〇一〇年）からの変化を予測したものですが、フィリピン近海では減少し、日本の直ぐ南海上で増加することが予想されています。

これまで台風は、沖縄付近で最盛期を迎え、東向きに転向し、衰弱しながら加速しつつ日本付近を通り抜けるのが一般的でした。海面水温30℃という高水温域が日本の太平洋側に接岸するような状況となり、二〇一九年の台風第15号のように最盛期のまま本土に接近・上陸し、人口密集地を襲うことも珍しくなくなるでしょう。また、熱帯低気圧が日本の直近で台風に発達し、防災情報が間に合わないことも増えるでしょう。

④進化する異常気象

地球温暖化は、地球全体に均等に起こるものではありません。偏りを持って起こります。この偏りをならすように対流や大気の循環が起こり、様々な異常気象や激しい現象を引き起こします。北海道のように梅雨の無い地方に梅雨や線状降水帯などが現れるかも知れません。

また、太平洋高気圧やチベット付近に中心を持つチベット高気圧が大きく発達すると、日本付近は晴天が持続し、猛暑・旱魃となることがあります。

地球温暖化は、このような夏場の猛暑・旱魃を度々起こすようになるかもしれません。温暖化に伴う異常気象は、その振る舞いを変えながら現れることになります。これまで安全とされていた所がこれからも安全とは言い切れなくなるのではないでしょうか。

最後に

地球は実にダイナミックに躍動しています。

台風や大雨のように熱や水の循環で起こる気象現象もあれば、地震や火山のように地球内部のダイナミックな循環で起こる現象もあります。

実はそのような動きのある、生きている星だからこそ、豊かな生命を宿すことができていると思うのです。

このような地球の性質を知り、住むべき場所を選択することが、今の私たちに求められているのではないでしょうか。

巨額な費用を投じて建設したダムは１００年ほどで土砂などの堆積物で埋まってしまい、その機能を失います。数え切れないほど設置されている砂防ダムは、ほぼ1回の土石流で埋まり、その機能の大半を失います。１００年という期間は、地球の営みからすれば、あっという間の出来事です。

山は、風雨により風化・浸食され、川によって運ばれ、そして砂となって海に堆積します。また、マントルの動きにより山が造られ、大陸が移動します。こうして、地球は少しずつその風景を変え続けています。

ダムや堤防などで少しの時間、変化を止めることができるかも知れませんが、自然の変化をいつまでも押し止めることはできません。自然に手を加えることは最小限に抑え、極力自然と共存することが望ましいと、私は考えています。

球磨川の恵みに浴する球磨川流域の方々は、球磨川を抑え込むのではなく、穏やかな時も激しい時もそれが球磨川だと認めて、共に在りたいと思われているのではないでしょうか。

3 七月四日球磨川水害検証

球磨川水系で二〇二〇年七月三日から四日にかけて発生した水害は、私どもが今まで経験したことのないものの連続でした。西日本の気象は、西から東に移動していきます。今回初めて経験した線状降水帯も同じように西の天草牛深から、水俣、芦北、球磨村、人吉、から球磨川、川辺川の上流へと降雨域が移行していきました。ただしその時間差は1時間半から2時間くらいです。

今回の豪雨の特徴は、球磨川中流域では本流と本流に流れ込む支流の集水域にも同じように豪雨が降り続いたことと、中流域の雨量が球磨川、川辺川の上流域より極めて多かったことです（口絵図11参照）。そのため、芦北方面の支流の氾濫は大きな被害と犠牲者を出し、また球磨・人吉方面の被害も凄まじいものでした。人吉市の市街地では七月四日6時前から7時ごろにかけて支流の氾濫が始まり、9時半から10時半までにピークに達しています。この状況について地域ごとにまとめました。それぞれに被害にあった方々の記憶の聞き取りですから、少々の食い違いはあるかもしれません。

1 各被害の状況

人吉市

人吉市の九日町の商店街は、球磨川と平行して走っています。七月四日7時前、押し寄せてきた濁水は球磨川の流れとは反対方向、明らかに山田川の方角から流れ込んで来ました。その後8時ごろ流れが変わり、球磨川の流れと同方向の流れになり、9時50分ごろ床上2〜3mのピークになりました。九日町の西側、山田川の近くは、6時半から浸水が始まり、9時30分から50分に2m30cmのピークを迎えており、明らかに山田川からの氾濫が始まったことがわかります。ここで興味ある証言があります。7時50分ごろ増水が一時止まり、その後再び増水し、ピークまで増えたということです。これと同じような証言を球磨川下流の坂本の油谷川でも聞きました。このことから考えると、支流の山田川が本流の球磨川よりずっと早い時点で大量の氾濫を引き起こしていたこと、この氾濫のあとある時間をおいて球磨川が氾濫したことは容易に推測できることです。

万江川は、同じく人吉市内、山田川の少し南を流れ、球磨川に合流する支流の一つです。この川の近くの下林町は7時30分ごろから万江川から越水がはじまり、9時30分ごろ2階で膝上40cmですから、3mを超える洪水だったのかも知れません。また下薩摩瀬の消防署裏では、7時半ごろピークに達したときは、球磨川の水位は堤防の上端まで30〜40cmの余裕があったとのことです。この辺りは、その後球磨川本流からの越流水は来なかったらしく、この辺りだけは水害後に残るはずの汚泥がなく、細かい砂が周りの各家々の床下に残っていました。

温泉町では、屋根に避難している人たちの証言では、9時半ごろ球磨川本流からの越水が始まったとのことでした。これらの証言から、まず人吉市内の浸水は市内に降った雨水がはけ切らず道路の浸水が始まり、そこに支流からの越水が加わってこの時点で大きな被害を引き起こし、犠牲者も出てしまったと考えられます。このことは、川辺川と球磨川との合流点においても言えます。川辺川ダム予定地より下流の四浦などに降った豪雨や、球磨川流域のあさぎり町、湯前町などに降った豪雨が集まる合流点の川辺川右岸にある老人施設では、6時30分ごろ川辺川から氾濫が始まり、10時40分にピークの１ｍ50㎝になっています。あまりにも長い浸水時間です。

この合流点について非常に興味深い証言があります。この合流点の球磨川右岸に面する川原に大変な数の材木が野積みされていたのですが、今回の洪水で全て流され、この材木に上流から流されてきた流木も加わってくま川鉄道の第四橋梁に引っ掛り、自然のダムが形成されたのです。このダムが9時ごろ、大きな音とともに第四橋梁ともども決壊し、鉄砲水となって七地《ひちし》地区の田圃に大被害を与え、人吉市内で球磨川と合流し、人吉でのピーク流量となったのではということです。当然野積みされていた材木は全て無くなっていました。

人吉において共通して言えることは、早朝に支流からの浸水が始まり、9時から10時前に球磨川が氾濫し、堤防の上１５０～３００㎝を超える所もピークを記録したあと、浸水は午前中いっぱい続いたことです。今回の洪水は、先に各支流から濁流があふれ、その後、本流の上流からの流れと自然のダムの決壊による鉄砲水が堤防を越えピークに達したのでしょう。人吉市で犠牲になられた方々は、全員最初の支流の氾濫によるものと断言できると思います。人吉市内の今回の雨量は、累積２８０㎜以降は欠測となりわかりません。

人吉市内を流れ球磨川に流れ込む支流は、山田川、万江川以外に御溝川、福川、胸川、老神川その他多くの河川があります。特に御溝川は、万江川の上流から取水し、かつては生活用水・農業用水として市内中に水路が張り巡らされていた川です。この川も今回の水害では、多くの水害の要因となったと思われます。特に下薩摩瀬町では、球磨川との間の水門が閉じられていたため、御溝川からの流水と山田川、万江川からの越水とによって大きな渦が発生し、田圃に被害を与え、車を流し、球磨川に面した家を破壊し、住んでおられたご夫妻2人ともお亡くなりになっています。各支流の本川への水門が閉まっていたことも、人吉市内の水害に何らかの大きな要因になっていると思われます。万江川の上流、大川内でも累積雨量４８０㎜以降欠測となっています。また、山田川水系の雨量の観測データは見つかりませんでした。

球磨村

球磨村の渡地区は、今回大きな悲劇の地として忘れることのできない所となりました。支流の小川は渡地区で球磨川に合流します。ここの合流部には水害時のバックウォーター防止のための長大な導流堤とポンプ場がつくられ、小川の護岸工事も３ｍほどかさ上げし、川幅も元の2倍ほどに改修されるなど国土交通省自慢の河川改修のモデル地でした。球磨川沿いに国道２１９号線とＪＲが通っており、問題の老人ホームは国道から１００ｍほど小川の上流、小川右岸と同じ高さで、堤防から20ｍほど離れた所に、地盤をかさ上げして建てられていました。渡地区周辺は、七月四日未明の2時ごろには39㎜、3時には65㎜、4時には74㎜と大変な雨が降り続き、まず降った雨水がはけ切らず周辺の浸水が始まり、5時ごろ小川の河口近くのＪＲの鉄橋下の右岸堤防が決壊し、渡地区一帯が水没を始めたようです。6時半ごろ球磨川本川が溢れ始め、7時ごろには小川が氾濫し、高齢者で体の不自由な方々が入所されている千寿園への浸水が始まりました。近所に救助の召集はかかったのですが、すでに道路は水没、しかも物凄い流れのためわずかな人しか行けず、20人くらいで、ほとんどが寝たきりと車いすの70数名の方々の救助活動をしたのですが人手が足りず、人々の目の前で14名のご老人の方々が亡くなりました。その後球磨川上流の人吉方面からの氾濫水が押し寄せ、ＪＲの鉄橋下の左岸堤防がその引き水で決壊し、２１９号線

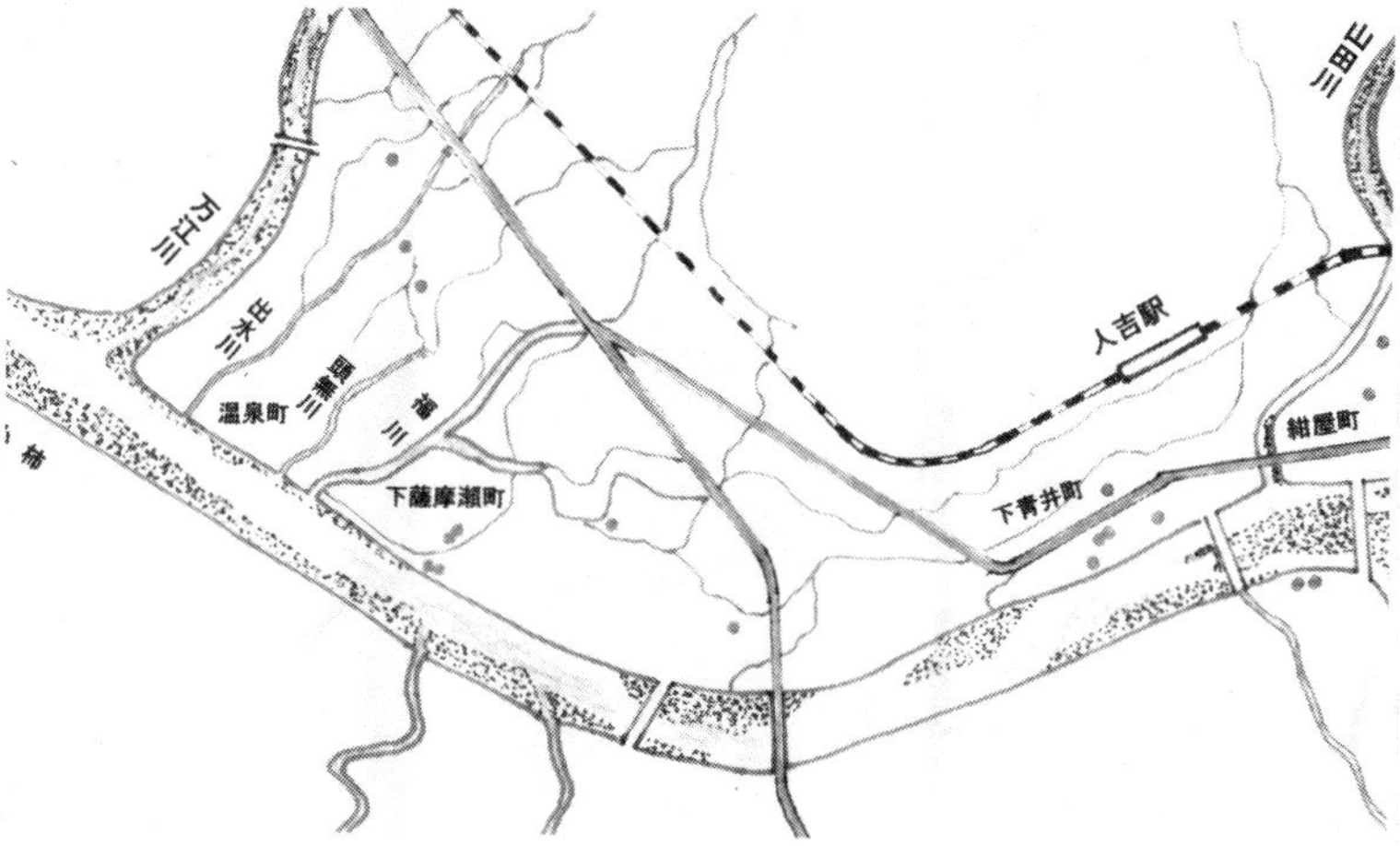

人吉市街概略図

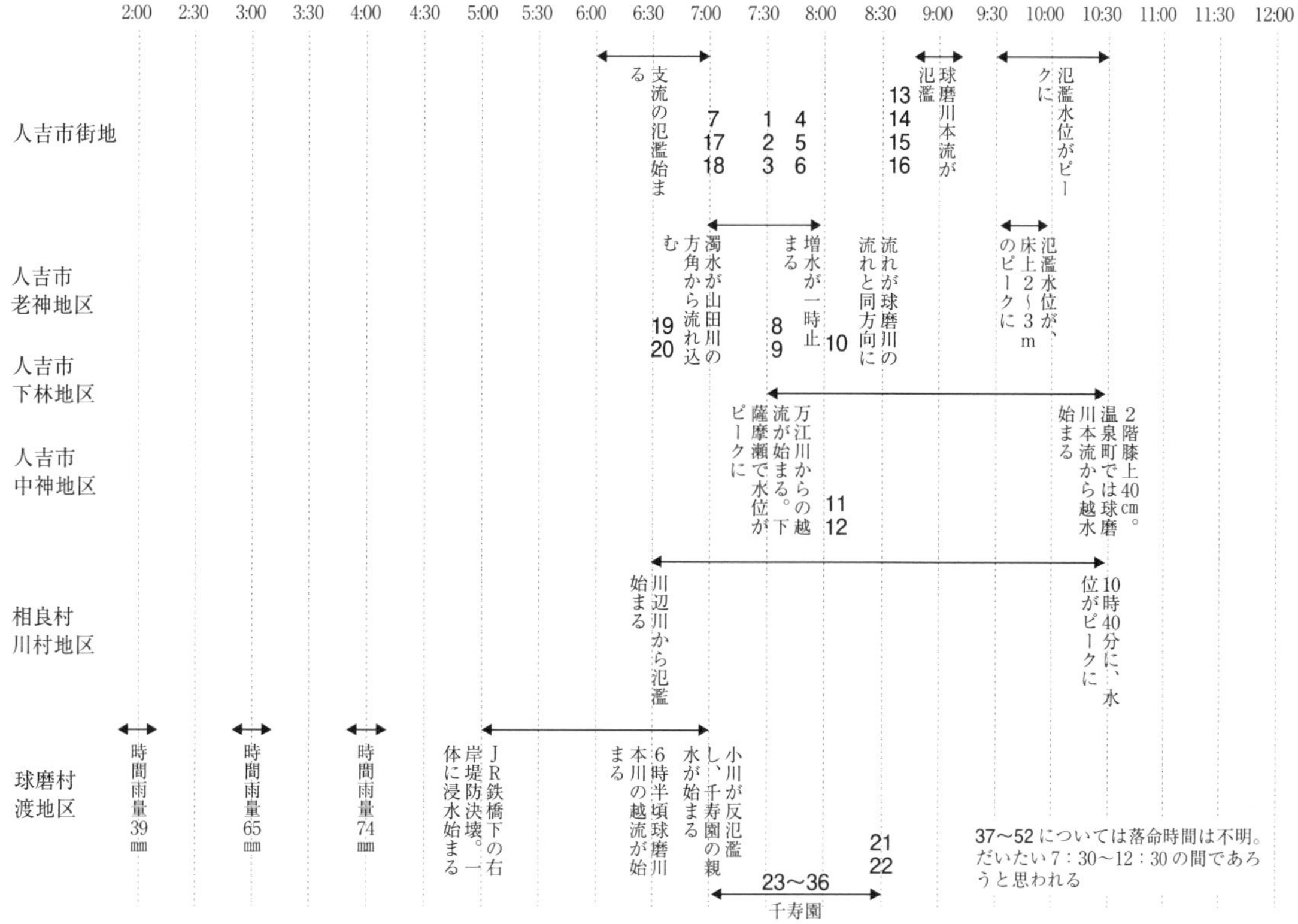

2020年7月3～4日の状況の推移

わきの家並みが津波の後かと思われるような惨状を呈するに至ったのです。渡地区では球磨川本川の洪水が押し寄せる前に小川上流に降った大雨で、本川の水位を大幅に押し上げていたと想像できます。小川の雨量を計測する大槻観測所では累積雨量４９５㎜で以降欠測となっています。

球磨村神瀬《こうのせ》地区は球磨川と支流川内川との合流地にあります。渡地区が球磨川の狭窄部の入り口なら、神瀬地区は狭窄部の真ん中といえるところです。川内川の上流は深い谷川に沿って集落のある典型的な山里で、山の斜面には断層もみられる地盤のもろいところです。ここに降った豪雨は土砂崩れではなく、雨水が地表流となって斜面の表土と土石と樹木を押し流し、谷川に流れ込み、土石流となって神瀬地区に流れ下ったようです。集落の家々は2階の天井近くまで浸水するありさまです。合流点の１００ｍほど上流の川内川は、川底が護岸の堤防よりはるかに高くなっていました。ここ神瀬地区では、これほどの土石流に遭いながら合流点の集落での被害者はゼロで、合流点より２００ｍほど球磨川沿いの上流の地で、３人の方が球磨川からの越水と山腹からの地表流とで亡くなっています。累積雨量は５６４㎜を計測しています。

八代市坂本町

八代市坂本町はまだ球磨川の狭窄部ではあるものの、球磨川河口から16㎞ほどのところにあります。この地はかつて製紙工場で栄えたところです。いままでに何度も水害を経験したため、球磨川右岸の支流油谷川の河川改修が二度おこなわれた跡があります。最初の川岸から現在の川岸までは6～8ｍ上がっています。しかし今回の水害では、その３ｍも上に水害痕跡がありました。また坂本町の中心街は2ｍ以上の浸水に遭い球磨川沿いの最も上流側にあった2階建てのビルは鉄骨だけになっていました。凄まじい水圧がかかったものと思われます。同じ坂本の合志野《おうしの》地区は坂本の中心街の反対側球磨川の左岸にあります、球磨川が右に大きくカーブする箇所で堤防が１５０ｍほど決壊しましたが、球磨川で川が外に向かって決壊したのはここだけです。この集落にも３ｍ以上の濁流が押し寄せ、10トン大型トレーラーが材木を満載したまま横倒しになって家をつぶしており、周りは津波の後のような惨状となっていました。今まで述べてきたことは、被害のほんの一部です。芦北や球磨川と川辺川各支流についてはまだ全ての調査を終えるに至っていません。今回の坂本の累積雨量は２８０㎜で、坂本町の被害は、上流の人吉方面に降った豪雨と瀬戸石ダムの異常現象による被害といえるでしょう。

球磨川流域での犠牲者

今回の二〇二〇年７・４水害での被害状況は、人吉盆地の上流域は、河川氾濫と内水による水田浸水被害であるのに対して球磨川中流から下流では、浸水被害、家屋の倒壊、人的被害が続出しました。人吉市内では浸水面積５１８ha、浸水戸数４６８１戸、八代まで入れると浸水面積１１５０ha、浸水戸数６２８０戸となっています。７・４水害による球磨川流域での水死とみられる犠牲者は50名（行方不明1名）です。うち人吉市20名、球磨村25名、八代市坂本町４名（＋行方不明名1名）、芦北町箙瀬1名となっています。これを年齢別にみると、65歳以上が43名で全犠牲者の86％、65歳未満の方7

郵便はがき

料金受取人払郵便

神田局
承認

1238

差出有効期間
2023年1月
31日まで

101－8791

507

東京都千代田区西神田
2-5-11出版輸送ビル2F

㈱花伝社 行

お名前《ふりがな》 お電話
ご住所（〒　　　　　　　） （送り先）

◎新しい読者をご紹介ください。

お名前《ふりがな》 お電話
ご住所（〒　　　　　　　） （送り先）

愛読者カード

このたびは小社の本をお買い上げ頂き、ありがとうございます。今後の企画の参考とさせて頂きますのでお手数ですが、ご記入の上お送り下さい。

書 名

本書についてのご感想をお聞かせ下さい。また、今後の出版物についてのご意見などを、お寄せ下さい。

◎購読注文書◎

ご注文日　　年　月　日

書　　名	冊　数

代金は本の発送の際、振替用紙を同封いたしますのでそちらにてお支払いください。
なおご注文は TEL03-3263-3813 FAX03-3239-8272
また、花伝社オンラインショップ https://kadensha.thebase.in/
でも受け付けております。（送料無料）

書評・記事掲載情報

◉ 東京新聞　書評掲載　2021年3月27日

『この国の「公共」はどこへゆく』　寺脇研 / 前川喜平 / 吉原毅 著

本書は、文部科学事務次官を務めた前川喜平氏、ゆとり教育を推進した寺脇研氏という二人の元文部科学官僚に原発ゼロ宣言をした城南信用金庫元理事長の吉原毅氏を加えた三人の鼎談集だ。

前川氏が次官時代に出会い系バーに通っていたことの釈明会見で「貧困女性の調査に出かけていた」と話した時、私は半信半疑だった。ただ、本書を読んでそれは真実だったと確信した。本書で官僚としてとても言いにくいことも、正直に語っているからだ。＜中略＞

鼎談のなかで、私の心に一番響いたのは、「昔の官僚で出世を目指す人はほとんどいなかった」という話だ。私自身の経済企画庁での勤務経験でも、それは事実だ。私に公僕としての崇高な矜持（きょうじ）があった訳ではない。夜中まで同僚と天下国家を論じ、その議論の通りに日本丸が動いていくのが、楽しくて仕方がなかったからだ。

そうした官僚のやる気を奪ったのが、官邸主導だった。官邸の命令通りに仕事をするしかないなら、官邸に忖度（そんたく）して、高い給与や天下りポストを得たほうが有利だ。官僚の行動原理が公から私に変わった。それがいまの日本の行き詰まりの原因になっている。

二人の元官僚の対談だけでも十分面白いのだが、本書を一段上のレベルに引き上げているのが、吉原氏の存在だ。吉原氏は公が失われた原因を、新自由主義とその背後にいる国際金融資本だと喝破する。公の心を失ったのは官僚だけではない。民間も同じなのだ。

新自由主義の下では、すべてを弱肉強食の市場が決める。その過程でコミュニティが崩壊し、富も仕事の楽しさも、巨大資本に奪われていくのだ。

日本社会の在り方を根底から問い直す好著だ。（森永卓郎・経済アナリスト）

◉ 読売新聞　書評掲載　2021年2月21日

「ノスタルジー」バルバラ・カッサン 著　馬場智一 訳

＜前略＞

「人はいつ我が家にいると感じるだろう?」。本書はフランスを代表する女性哲学者によるノスタルジーを巡る思考の軌跡だ。自伝的内容から問いを提起し、故郷から切り離されてしまった三者を題材に思考を深めていく。

＜中略＞

本書は、帰還の本質は、土地や国家に帰ることではないと示唆する。人が根差す場は、言語によって形作られる自信を受け入れてくれる繋がりにあるのだと。元の世界に帰れない私たちは今、奇しくも三者と同じ追放状態にある。めまぐるしく変わり続ける世の中で拠り所を探すため、本書は思索の一助となる。（長田育恵・劇作家）

花伝社ご案内

◆ご注文は、最寄りの書店または花伝社まで、電話・FAX・メール・ハガキなどで直接お申し込み下さい。（花伝社から直送の場合、送料無料）

◆また「花伝社オンラインショップ」からもご購入いただけます。　https://kadensha.thebase.in

◆花伝社の本の発売元は共栄書房です。

◆花伝社の出版物についてのご意見・ご感想、企画についてのご意見・ご要望などもぜひお寄せください。

◆出版企画や原稿をお持ちの方は、お気軽にご相談ください。

〒101-0065　東京都千代田区西神田2-5-11 出版輸送ビル2F

電話　03-3263-3813　FAX　03-3239-8272

E-mail　info@kadensha.net　ホームページ　http://www.kadensha.net

好評既刊本

タ日と少年兵
土屋龍司 著　1700円+税
四六判並製 978-4-7634-0951-5
八路軍兵士となった日本人少年の物語
満州に取り残された軍国少年はやがて、自ら志願して中国人民解放軍の兵士となった――真実のストーリー

万人坑に向き合う日本人
青木 茂 著　1700円+税
A5判並製 978-4-7634-0946-1
中国本土における強制連行・強制労働と万人坑
日本の侵略・加害が生み出した負の遺産、「人捨て場」万人坑に向き合う三人の日本人に迫る。

交通事故は本当に減っているのか?
加藤久道 著　1500円+税
四六判並製 978-4-7634-0948-5
「20年間で半減した」成果の真相
交通事故負傷者数は、実は減少していなかった――自賠責保険統計から見えてくる、衝撃の事実。

ガーベラを思え
横湯園子 著　1500円+税
四六判並製 978-4-7634-0953-9
治安維持法時代の記憶
母が決して語ることのなかった「拷問」の記憶――治安維持法の時代を生き延びた、家族の物語。

コンビニはどうなる
中村昌典 著　1500円+税
四六判並製 978-4-7634-0945-4
ビジネスモデルの限界と"奴隷契約"の実態
いま、コンビニに何が起こっているのか? コンビニ・フランチャイズ問題の最前線から見えてきた現実とは――。

介護離職はしなくてもよい
濱田孝一 著　1500円+税
四六判並製 978-4-7634-0944-7
「突然の親の介護」にあわてないための考え方・知識・実践
その時、家族がすべきことは何か? 現場と制度を知り尽くした介護のプロフェッショナルがやさしく指南。

未来のアラブ人3
リアド・サトゥフ 作　1800円+税
鵜野孝紀 訳
A5判並製 978-4-7634-0940-9
中東の子ども時代(1985—1987)
ラマダン、割礼、クリスマス…… フランス人の母を持つシリアの小学生はイスラム世界に何を見たのか。

博論日記
ティファンヌ・リヴィエール 作　1800円+税
中條千晴 訳
A5判並製 978-4-7634-0923-2
高学歴ワーキングプアまっしぐら!?な文系院生の笑って泣ける日常を描いたバンド・デシネ。　推薦：高橋源一郎

安倍政権時代
高野 孟 著　1500円+税
四六判並製 978-4-7634-0942-3
空疎な7年8カ月
安倍政権とは何であったか―歴代最長の政権は、史上最悪の政権ではなかったのか? 安倍政権を見つめ直す。

パンデミックの政治学
加藤哲郎 著　1700円+税
四六判並製 978-4-7634-0943-0
「日本モデル」の失敗
新型コロナ第一波対策に見る日本政治――自助・自己責任論の破綻。

東大闘争の天王山
河内謙策 著　6000円+税
A5判上製 978-4-7634-0947-8
「確認書」をめぐる攻防
東大闘争の全貌を、50年後に初めて解明。膨大な資料と記録を駆使して読み解いた、新たな全体像。

未完の時代
平田 勝 著　1800円+税
四六判上製 978-4-7634-0922-5
1960年代の記録
そして、志だけが残った―― 50年の沈黙を破って明かす東大紛争裏面史と新日和見主義事件の真相。

平成都市計画史

転換期の30年間が残したもの・受け継ぐもの

饗庭 伸 著
2500円+税　四六判並製
ISBN978-4-7634-0955-3

「拡大」と「縮小」のはざまに、今をつくる鍵がある

平成期、想定外の災害に何度も直面しつつ、私たちはどのように都市をつくってきたのか?

ノスタルジー

我が家にいるとはどういうことか?
オデュッセウス、アエネアス、アーレント

バルバラ・カッサン 著　馬場智一 訳
1800円+税　四六判並製
ISBN978-4-7634-0950-8

「ノスタルジー」と「故郷」の哲学

移民・難民・避難民、コロナ禍によ
世界喪失の世紀に、古代と 20 世紀
の経験から光を当てる。
推薦：鵜飼哲

多数決は民主主義のルールか?

斎藤文男 著
1500円+税　四六判並製
ISBN978-4-7634-0946-5

多数決は万能……ではない

重要法案の強行採決が頻発する国会は、「多数の専制」にほかならない。今こそ考えたい、民主主義と多数決の本質的関係。

小中一貫教育の実証的検証

心理学による子ども意識調査と教育学による一貫校分析

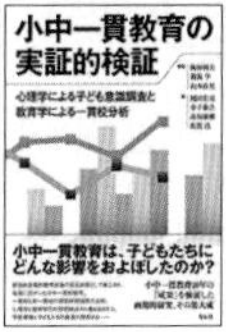

梅原利夫・都筑 学・山本由美 編著
2000円+税　A5判並製
ISBN978-4-7634-0959-1

小中一貫教育は、子どもたちにど
な影響をおよぼしたのか?

新自由主義的教育改革の目玉政
として導入され、全国に広がった小
一貫校制度。20 年の「成果」を検
した画期的研究、その集大成。

「慰安婦」問題の解決

戦後補償への法的視座から

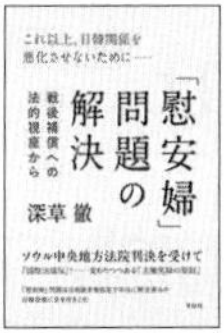

深草徹 著
1000円+税　A5判ブックレット
ISBN978-4-7634-0962-1

ソウル中央地方法院判決を受けて「国際法違反」?――変わりつつある「主権免除の原則」「慰安婦」問題は日韓請求権協定で本当に解決済みか。日韓合意に息を吹きこむ。

新宗教の現在地

信仰と政治権力の接近

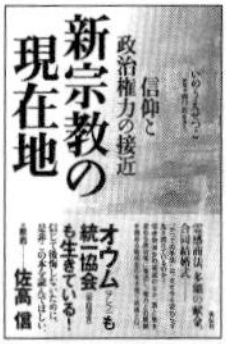

いのうえせつこ 著　山口広 監修
1500円+税　四六判並製
ISBN978-4-7634-0957-7

霊感商法、多額の献金、合同結婚
――“かつての手法”は、なぜ今
変わらず生き続けているのか?

権力との距離を縮める新宗教の生
残り戦略とは。推薦・佐高信

21世紀の恋愛

いちばん赤い薔薇が咲く

リーヴ・ストロームクヴィスト 作
よこのなな 訳
1800円+税　A5判変形並製
ISBN978-4-7634-0954-6

なぜ《恋に落ちる》のがこれほど難しくなったのか

古今東西の言説から現代における「恋愛」を読み解く。
推薦・野中モモ、相川千尋

米中新冷戦の落とし穴

抜け出せない思考トリック

岡田 充 著
1700円+税　四六判並製
ISBN978-4-7634-0952-2

米中対決はどうなる

新冷戦は「蜃気楼」だったのか?
バイデン政権誕生でどう変化する
米中対決下の日本とアジア。

図書出版 **花伝社**

——自由な発想で同時代をとらえる——

新刊案内　2021年初夏号

日本学術会議会員の任命拒否　何が問題か

小森田秋夫 著

1000円+税　A5判ブックレット
ISBN978-4-7634-0958-4

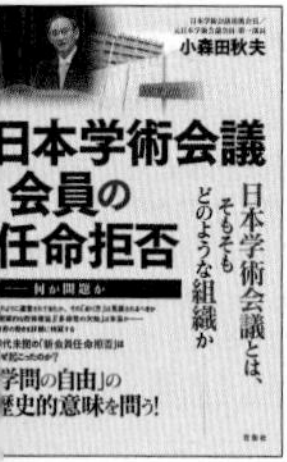

日本学術会議とは、そもそもどのような組織か

どのように運営されてきたか、その「あり方」は見直されるべきか「閉鎖的な既得権益」「多様性の欠如」は本当か——政府の動きを詳細に検証する。

前代未聞の「新会員任命拒否」はなぜ起こったのか?

「学問の自由」の歴史的意味を問う!

社会問題に挑んだ人々

川名英之 著

2000円+税　四六判並製
ISBN978-4-7634-0961-4

一人の踏み出した小さな一歩は、やがて世界を変えた

感染症、地球温暖化、公害、核兵器、難民、人種差別、政治的分断……

人類を脅かす危機に立ち向かった“偉人”たちは、高い志をもって、その困難な道をいかに切り拓いたか。

様々な時代と場所に生きた18人の軌跡を辿る。

「女医」カリン・ラコンブ

感染症専門医のコロナ奮闘記

カリン・ラコンブ 原作
フィアマ・ルザーティ 原作・作画
大西愛子 訳

1800円+税　A5判変形並製
ISBN978-4-7634-0963-8

大混乱のパリの医療現場を追ったバンド・デシネ

人口あたり感染者数が世界最多クラスのフランスで、医師のカリンは「識者」として突如時の人に！うんざりする日々の中、未知の感染症と旧態依然の男社会、彼女の闘いは続く。

この国の「公共」はどこへゆく

寺脇研/前川喜平/吉原毅 著

1700円+税　四六判並製
ISBN978-4-7634-0949-2

個の分断がますます煽られる21世紀、消えゆく「みんなの場所」を編み直すためのヒントを探る——

ミスター文部省として「ゆとり教育」を推進した寺脇研、「面従腹背」で国民に尽くした前川喜平、3.11後「原発ゼロ」を企業として真っ先に掲げた吉原毅の3人による、超・自由鼎談！

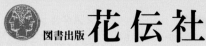

球磨川流域での犠牲者

No	性別	年齢	住所	発見日時	発見場所	備考
1	男性	65	人吉市上薩摩瀬町	7/14 13:27	下青井町	通勤途中（バイク）で流され青井神社の近くで見つかる。
2	男性	81	人吉市上薩摩瀬町	7/4 13:57	下薩摩瀬町	御溝・山田川から水、御溝の流れに流され、奥さんは救助、ご主人は流れに巻き込まれて下薩摩瀬町で見つかる。
3	男性	80	人吉市下薩摩瀬町	7/4 17:45	下林町	避難の途中で被災。居住は下薩摩瀬町、避難のため車に乗ろうとしていて濁流に巻き込まれた。下林町で発見。
4	女性	79	人吉市下薩摩瀬町	7/5 10:30	下林町	避難の途中で被災。居住は下薩摩瀬町避難のため車に乗ろうとしていて濁流に巻き込まれた。下林町で発見。
5	男性	83	人吉市下薩摩瀬町	7/6 17:10	温泉町	家の後ろに溝、特殊堤の切れている所。御溝・山田川・福川・万江川等の流れが集まっている。
6	女性	74	人吉市下薩摩瀬町	7/5 6:35	温泉町	家の後ろに溝、特殊堤の切れめ。御溝・山田川・福川・万江川等の流れが集まっている。翌日、温泉町で発見。
7	女性	50	人吉市相良町	7/4 13:25	上薩摩瀬町	母親と２人暮らし。家の横の御溝・山田川が氾濫、避難所に向かうが行けず、屋根にも怖くて上がれなかった。
8	男性	62	人吉市下林町	7/4 13:05	自宅屋内	７時半頃の万江川と福川方向から浸水。家族３人で自宅２階に避難、犬を助けに戻り水に巻き込まれた。
9	男性	84	人吉市下林町	7/4 13:45	自宅屋内	７時半頃万江川と福川方向から浸水。息子さんから避難を促す電話、娘さんからも電話。しかし自宅１階で発見。
10	男性	85	人吉市下林町	7/5 8:00	自宅屋内	７時半頃、万江川と福川方向から浸水してきたらしい。夫婦２人暮らし。２階屋だが１階で２人とも見つかる。
11	女性	82	人吉市下林町	7/5 8:00	自宅屋内	７時半頃、万江川と福川方向から浸水してきたらしい。ご夫婦２人暮らし。２階があるが１階で２人とも発見。
12	女性	61	人吉市中神町	7/4 14:25	中神町	小柿地区、平屋。球磨川の影響。両親の避難後、猫を助けに車で自宅に戻る途中で被災。当日発見。
13	男性	62	人吉市上青井町	7/9 9:18	相良町	青井神社の前、森山ビル１階居住。車で避難を断念し、歩いて避難中に水流に巻き込まれた。相良町付近で発見。
14	男性	67	人吉市下青井町	7/5 15:15	自宅屋内	球磨川右岸。２階建て。持病のため足に義足で２階に逃げるのをあきらめたのでは。自宅で発見。
15	女性	92	人吉市下青井町	7/6 11:51	自宅屋内	球磨川右岸。平屋で１人暮らし。旧河道で土地が低かった。体は動けたが避難しきれなかった。自宅で発見。
16	男性	77	人吉市下青井町	7/6 13:10	自宅屋内	球磨川右岸。平屋。松岡テーラー横の借家で１人暮らし。避難の呼びかけに応じなかった。7/6自宅で発見。
17	女性	57	人吉市紺屋町	7/4 18:42	店舗内	紺屋町。有紀ビル１階奥でスナック経営 。朝７時頃、家族に助けての電話。7/4夕方、店内で発見。山田川からの浸水。
18	男性	88	人吉市紺屋町	7/4 18:00	自宅屋内	息子と２人暮らし。求援に息子が出た直後水死。朝７時過ぎに玄関先に水、直後２階まで浸水。山田川より水。
19	男性	83	人吉市老神町	17:20	自宅屋内	胸川と茂田川の氾濫による。堤防より低い場所であり集水する場所に家があった。
20	女性	70	人吉市老神町	7/5 12:10	自宅屋内	球磨川左岸。堤防より低く集水する場所。
21	男性	65	球磨村渡乙	7/5 16:50	自宅屋内	球磨川右岸今村地区西側。２階での１人暮らし。勤務先に電話で出勤出来ない旨連絡。２階屋根近くまで浸水。
22	女性	78	球磨村渡乙	7/4 14:00	自宅屋内	球磨川右岸 。娘と２人暮らし。娘は２階の窓から脱出しボートに救出、本人は外に出られず。２階で発見。
23	男性	91	球磨村渡乙（千寿園）	7/4 13:00	千寿園1階	強度の認知症、支えがないと歩けない。
24	女性	82	球磨村渡乙（千寿園）	7/4 13:00	千寿園1階	強度の認知症、車いす。
25	男性	85	球磨村渡乙（千寿園）	7/4 13:00	千寿園1階	強度の認知症、支えがないと歩けない。
26	女性	85	球磨村渡乙（千寿園）	7/4 13:00	千寿園1階	強度の認知症、ほぼ寝たきり。
27	女性	84	球磨村渡乙（千寿園）	7/4 13:00	千寿園1階	強度の認知症、ほぼ寝たきり。
28	男性	84	球磨村渡乙（千寿園）	7/4 13:00	千寿園1階	寝たきり。言葉は出ないが意思疎通可能。体格がよかった。
29	女性	83	球磨村渡乙（千寿園）	7/4 13:00	千寿園1階	強度の認知症、支えがないと歩けない。
30	男性	94	球磨村渡乙（千寿園）	7/4 13:00	千寿園1階	強度の認知症、最近は寝たきり。
31	女性	99	球磨村渡乙（千寿園）	7/4 13:00	千寿園1階	認知症、徘徊あり。
32	女性	88	球磨村渡乙（千寿園）	7/4 13:00	千寿園1階	強度の認知症、車いす。
33	女性	98	球磨村渡乙（千寿園）	7/4 13:00	千寿園1階	強度の認知症、車いす。
34	女性	84	球磨村渡乙（千寿園）	7/4 13:00	千寿園1階	認知症、車いす。
35	男性	80	球磨村渡乙（千寿園）	7/4 13:00	千寿園1階	強度の認知症、車いす。
36	女性	93	球磨村渡乙（千寿園）	7/4 13:00	千寿園1階	認知症、車いす。

37	男性	51	球磨村一勝地丁	7/5 7:00	自宅屋内	球磨川左岸。平屋。地区の人が集まっている所に移動したが、その後１人自宅に戻ったらしく翌日玄関で発見。
38	男性	81	球磨村一勝地丁	7/4 18:00	坂本町中谷	
39	女性	78	球磨村一勝地丁	7/5 15:10	八代市鏡町北新地	球磨川左岸。自宅は嵩上げ２階建て。八代海岸鏡町北新地の海上で発見。
40	男性	52	球磨村一勝地丁	7/11 14:27	八代市鏡町	球磨川左岸。自宅は嵩上げ２階建て。八代市港町の海上で発見。
41	女性	78	球磨村一勝地丁	7/8 10:55	宇城市不知火町長崎	球磨川左岸。自宅は嵩上げ２階建て。川口商店のお手伝いをされていた。八代海北部不知火町の海上で発見。
42	女性	73	球磨村一勝地丁	7/6 12:20	宇城市不知火町長崎	球磨川左岸。自宅は嵩上げ２階建て。釣り人や地元方に親しまれる川口商店を守ってきた。不知火町の海上で発見。
43	女性	80	球磨村神瀬甲	7/12 9:02	自宅屋内	球磨川右岸。自宅は平屋。１人暮らし。リュックを背負って避難の準備をしていたが、自宅で7/12に発見。
44	男性	70	球磨村神瀬甲	7/6 12:10	自宅屋内	球磨川右岸。平屋で夫婦暮らし。避難の声も岩戸川が溢れ家に近よれず、天井に穴を開けて息継ぎをしていた。
45	女性	84	球磨村神瀬甲	7/8 7:10	宇城市不知火町松合	球磨川右岸。平屋で息子と２人暮らし。人吉に出勤。岩戸川の水で避難が困難に。八代海北部不知火町の海上で発見。
46	女性	78	芦北町箙瀬	7/4 14:55	自宅屋内	球磨川左岸 。嵩上げした２階まで浸水。やっと線路に逃げた。子の位牌、遺骨をとりに戻ったレイ子さんは死亡。
47	女性	83	八代市坂本町葉木	7/7 10:73	自宅屋内	球磨川右岸。３ｍ嵩上げ、夫婦暮らし。夫は屋根からボートで救出、タヱ子さんは自宅で発見。 朝８時屋根まで水。
48	男性	81	八代市坂本町葉木	7/7 10:35	八代市鏡町北新地	球磨川右岸。証言では 朝５時には膝まで、８時には屋根まで浸水。声をかけたが避難せず。 鏡町北新地の海上で発見。
49	女性	68	八代市坂本町坂本	7/7 15:02	自宅屋内	球磨川右岸。自宅兼店舗。７時54分頃 姉に電話「天井まで水がきた」。自宅で発見。
50	男性	93	八代市坂本町坂本	7/5 13:00	自宅屋内	球磨川右岸。１人暮らし。家の前に道路があり、球磨川本流。自宅にて発見される。
51	女性	90	芦北町天月	行方不明	行方不明	球磨川沿いの平屋。４日午後に甥の城文博さんが安否確認に行くと姿がなかった。
52	男性	63	八代市坂本町中谷	行方不明	行方不明	詳細不明。

清流球磨川・川辺川を未来に手渡す流域郡市民の会作成。2021 年３月末現在

名で14%となっています。

この犠牲者の一覧表を見て、一つの光景が思い出されます。それは東日本大震災で大船渡市が大津波に襲われている映像です。町に津波が押し寄せ、家々が町内ごと押し流されている時、市役所のスピーカーからはのんびりと、「大津波警報が発令されました、海岸にいる方は急いで高台に歩いて避難してください」。

今回の水害の被災地での当局の在り方に同じような違和感を感じるのは、私だけではないでしょう。犠牲になられた方々のきめ細かい調査、被災者の被災状況の調査もされず、唐突に在りもしない川辺川ダムが現れ、防災の切り札の如く宣伝されているのは、地域住民の安全がなおざりにされているとしか思えません。

２　現在の状況

水害後、約3か月経って7・4水害の検証委員会が立ち上げられましたが、2回の会合が開かれそれで検証委員会は終わりました。今度の水害で犠牲になられた方々がいつ、どこで、どうして亡くなられたか、検証はここから始めなければならないのに、全く触れられていません。人吉市では20人、球磨村では25人など球磨川流域で50人もの方々が亡くなられています。私たちの調べでは人吉の20人、球磨村の25人は、球磨川ではなく支流の氾濫の犠牲者であったと断言できます。その他の方々も亡くなられた時間が分かれば、なぜ亡くなられたか分かるでしょう。少なくとも川辺川ダム建設予定地より上流に降った雨水は、犠牲者の方々が命を落とされた時間には、人吉市、球磨村には届いていないこと、それに加えて川辺川ダム建

設予定地より上流には、球磨川中流域から下流域にかけて降った雨量よりはるかに少ない雨しか降っていないからです。ダム予定地から被災地まで、流れ下るのに2時間以上はかかるのです。

検証委員会でのおかしな話

1　犠牲者が、いつ、どこで、どうして亡くなったかについての調査が行われていない。

2　球磨川、川辺川流域の支流について、雨量と流量がほとんど検討されていない。

3　球磨川、川辺川、上流、中流域の山の状況が全く検証されていない。

4　川辺川ダムのことが何故か突然取り上げられ、ダムの効果が述べられるものの、今回大きな災害を引き起こした瀬戸石ダムについては何も触れていない。

5　人吉市での球磨川のピーク流量7900トンの算出根拠が明らかにされない。

6　今回八代市の中心地の被害はゼロであった。ならば川辺川ダム建設の費用対効果は1を大きく割り込み、建設理由がなくなるはず。一切このことには触れていない。

今、蒲島郁夫熊本県知事は、川辺川ダム建設を容認しました。二〇〇八年、熊本県議会で「球磨川そのものが守るべき宝」と高らかに宣言したのに、何故このように変心したかは分かりません。しかしこの変心が示すことは、今回の水害について全く分かっていないし、また分かろうともしていないということです。このことが水害被災者だけでなく、県民までもいかに悲しませているか、計り知れません。まして災害で犠牲になられ方々の魂を冒涜するものです。

ある被災者の声です。

「球磨川はなんも悪うはなか。こん川ん清流がなかなら、人吉ん復興はでけん（球磨川は何も悪くはない。この川の清流がないなら、人吉の復興はできない）」

今回の水害の特徴

以上のごとく今回の水害は、はじめ球磨川中流域に降った大雨が球磨川の支流の流量をこれまでにないような水量に押し上げ、人吉市、球磨村には支流独自の被害を引き起こし、芦北町、坂本町の被害に関しては、ここより上流の、支流の水量に押し上げられた球磨川本流の水位と瀬戸石ダムの存在の合作といえるでしょう。その後、球磨川のピーク流量の観測は、上流域に降った雨による増水と中流域の支流からの流入水の結果でしょう。よって今回の水害は2つの水害が時間差をもって現れたものです。

この水害の被害、とりわけ人的被害はほとんど、最初の支流の洪水によって引き起こされたものといえます。被害の状況も互いに独立しているからです。球磨川、川辺川のみで川を見ることの危険性を示してくれた水害であったと明記されるべきです。

4　球磨川水害を山から考える

はじめに

二〇二〇年七月四日、未明からの豪雨は球磨川流域に大きな災害を起こしました。線状降水帯が起こした豪雨とはいえ、流域の支流を遡るとあちこちに崩落個所が目立ち、山に起因する災害であったことが分かります。ここ10〜20年、流域九州脊梁から始まったシカの食害は、この5年間で下流域でも酷くなっていました。林床の下草がないどころか、雨が降る度に斜面からは表土が崩れ落ち、岩が斜面に乗っかっただけの場所も目立ち、根が20〜30㎝とむき出しになった樹木が、雨が降る度に傾き、大雨後は倒れている、そんな斜面をいくつも見てきました。特に坂本町内はひどく、全山丸裸の山だらけでした。もし台風や豪雨に見舞われたら大変な被害が出ると予想され、警告を出すべきだと防災の研究者と一緒にデータをとろうと相談していた矢先のことでした。そういう意味では今回の災害は、想定内でした。

こういった経緯もあり、水害後すぐに山に注目して現場を見てきました。災害支援の合間に被災者の聞き取りをすると、本流と支流の合流点にある集落の方たちからは、今回は球磨川のバックウォーターによる浸水ではなく、山から泥水と共に土石と流木が押し寄せて被害が出たという声が、ほとんどの集落で聞かれました。実際現場を見ても、本流に注ぐ支流に架かる橋のほとんどすべてが流木と土石で埋まっています。そこから上流がずっと流木と土石で埋め尽くされているところもありました。

球磨川上流から下流まで、いろんな崩壊箇所を３００ヵ所以上は見てきました。その結果、球磨川流域では、シカ被害の大小という問題は無視できない要因ですが、それだけではなく、皆伐地の有無、皆伐後の施業の仕方、間伐の有無、間伐施業のやり方の違い、林道の通し方や木材搬出道路の有無等々さまざまな要因が、大きな表層崩壊から小さな斜面の崩落に至るまで、影響したように思えます。

流域は広く、すべての森林や林道、崩落地を見ることはできませんし、雨の降り方や地質の違い等もあり、結論を一括りにすることはできませんが、現時点で気が付いたこと、見えてきたものについて、総合的に報告させていただきます。

1　支流や林道沿いの崩壊

球磨川沿いやその支流沿いの林道を車で行けるところは車で、車で行けないところは歩いて検証を行いましたが、崖崩れや道路崩壊で進めないところも多く、下流の土石や流木の多さを見ても、その上流で何が起ったのか確認できないところも多く、８カ月経過した今でもそういう箇所に出くわします。

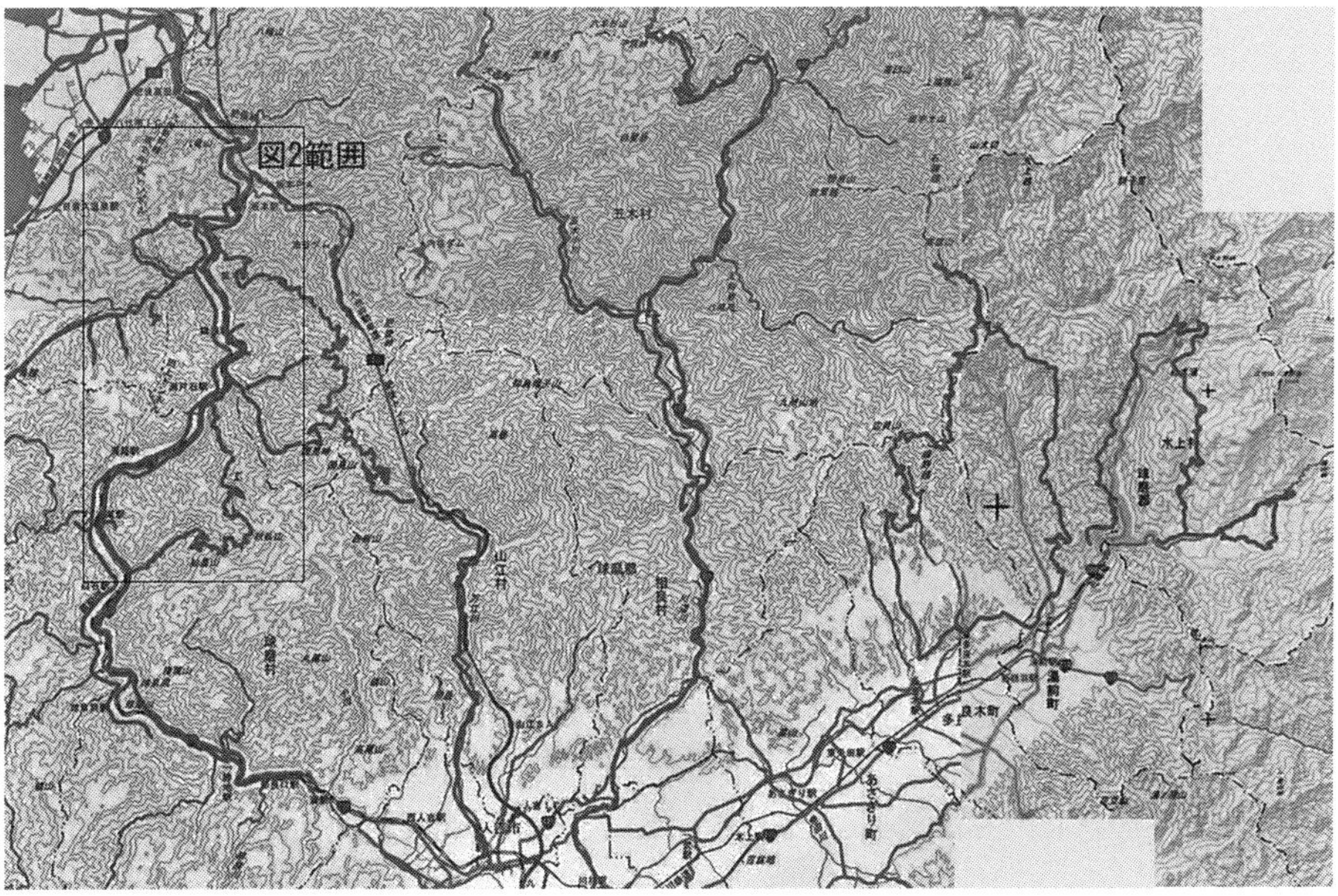

4－1　検証した道路及び林道

検証した支流や林道は、４-1の通りです。崩落が見られた箇所の位置情報を地図上に記録するようにしましたが、電波が届かないところも多く、その位置がはっきりしない箇所も多くあり、地図上にすべてを記載することはできませんでした。また、川の増水の影響で護岸が崩れたところや、長時間水に浸かり山肌が崩落したと思われるような場所も記録外とし、山からの崩落が原因で土石が道路や川まで達しているところのみを記録するようにしました。

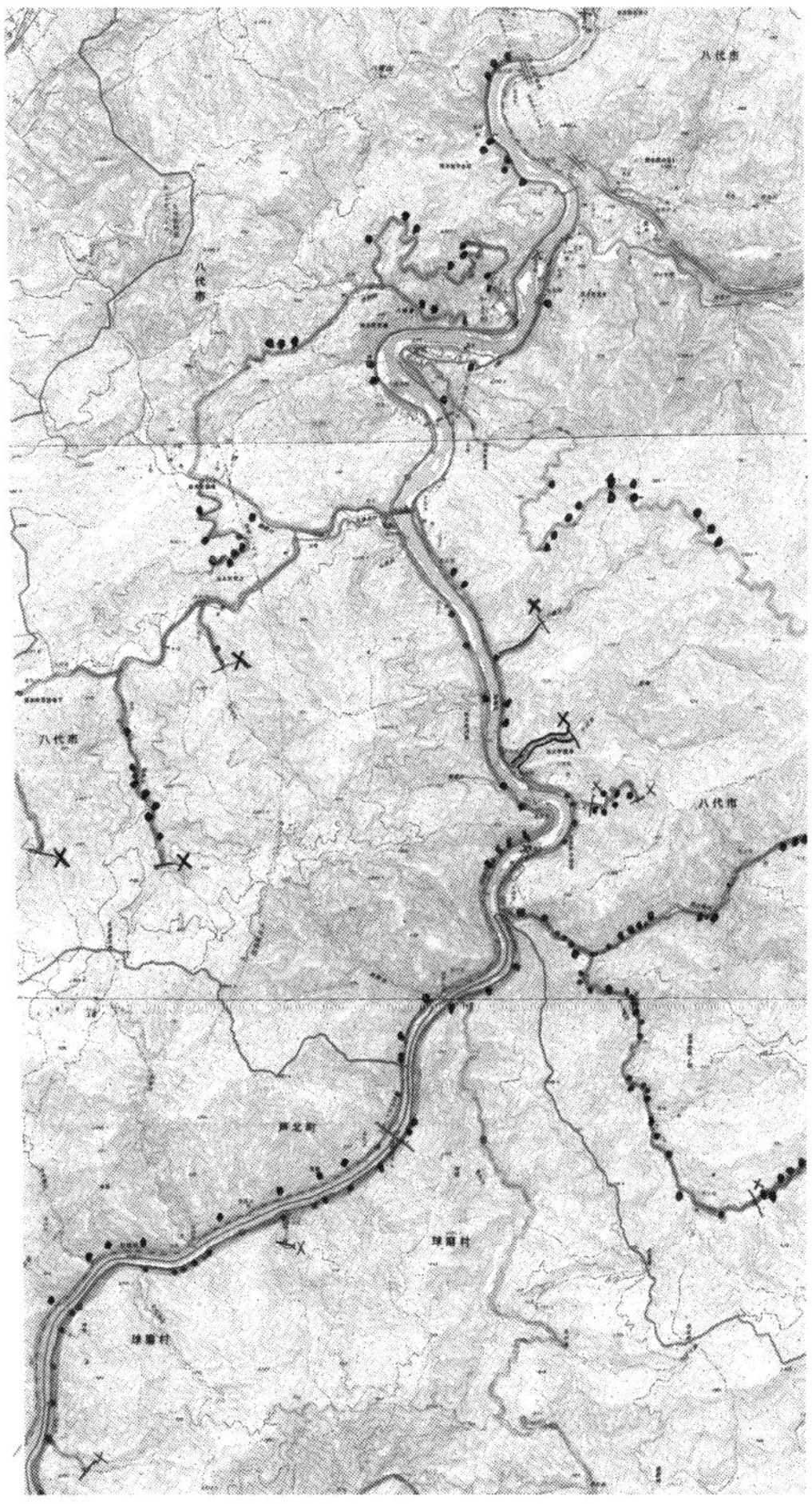
4－2　坂本町の斜面崩落地

流域全体の位置プロット作業はまだ終えていませんので、プロットし終えた坂本町、球磨村の一部のみを示したものが４-2です。

この地図が示すように、場所によっては１００ｍ、２００ｍ置きに崩落が見られます。砂防ダムがあるところは、ほぼ数例を除いて、砂防ダムを超えて土石や流木が下流に流れ込んでいました。流域面積の１割にも満たないこの狭い範囲で１５０カ所程度の崩落個所を確認しました。二〇二〇年九月二五日付け熊本日日新聞は、二四日時点で「県は7月豪雨による山腹崩壊や土石流などの山地被害が県内８４６カ所で発生したと明らかにした」と報道しています。このうち１７１件が芦北なので、流域は６７５ヵ所です。今後増える見込みとされていますが、多分目立った崩落しかカウントされていないように思われます。

今回の災害の特徴は、大きな斜面崩壊だけでなく、ほぼすべての谷で土石流が起こり、谷幅は数倍に広がり、土石や流木が道路や川にまで流れ込んでいることです。谷に造られた道路の下のコルゲート管やヒューム管は詰まり、道路を大きく破壊したところも多く見られました。水だけが流れればいいという発想はもはや通用しないほどに山が荒れていることを実感させられます。

また、あらゆる斜面から土石がボロボロと転がり落ちていました。特にシカの食害がひどい坂本町では至る所で見られます。

2　森林の施業の違い

4－3　増える皆伐地（球磨郡水上村）

皆伐地がここ数年急激に増えたことが、今回の水害を大きくしたことは否定できません。皆伐地を背後に抱える谷や斜面では、大きな土砂崩れが起きているところがあります。また、植林後一度も間伐がされていないような人工林、特に川沿いギリギリまでに植えられたような場所では、上流から流れてきた土石で軒並み倒され、それが被害を大きくしたところも多くあります。

坂本の行徳川はその一例です。行徳川は流路延長2～3㎞の小さな川です。川幅は2～3m程度でしたが、川の両側はギリギリのところまでスギが植えてあり、川の南側斜面に沿って車1台が通れるほどの車道がありました。球磨川の合流地点は肥薩線が県道沿いに走り、5mほどの鉄橋と橋が架かっていましたが、被災後は橋の上は土石で覆われ、鉄橋は捻じ曲げられ、上はレールの上も含め30mほどは土石と流木の山となっていました。橋下も埋め尽くされていました。1mを超す岩がゴロゴロしていました。流木を超え上流に行ってみると、両側のスギ人工林の斜面が見渡す限り崩れ落ち、谷幅は20～30m程に広がり土石と流木に埋め尽くされていました。健脚な同行者に先を見てきてもらうと、どこまで行っても同じとのこと。先に進むのは断念しました。別の日に、この川の分水嶺になっている尾根を通る林道を走ってみると、大規模な崩落地がありまし

4－4　人工林からの崩落（水上村）

たが、標高５２０ｍほどのここはもともと皆伐跡地になっていたところです。その山側のスギが更に崩れてきて、道路を超えて谷川の皆伐斜面を更に削り、行徳川に流れ込んだようです。山側を見ると赤土に植えられた痩せたスギの植林がありました。グーグルで確認すると、谷側斜面は小さなスギが育っているように見えますが、植林されたものではなく、自然に生えてきたもののようです。土砂止めも何もなく、放置状態です。

坂本で被害がひどかった川に、市ノ俣川があります。ここは、左岸側はたくさんの皆伐地があり、そこが土砂供給源になっています。いくつもの搬出道が走っていますが、伐採後の植林も土砂止め工も施されてないところも多くあります。

上流に市ノ俣集落がありますが、集落の一番上流左岸にある家屋の上も皆伐地です。今回はここが大きく崩壊し、厚さ１・５ｍほどの擁護壁を壊し、下の家屋を埋め尽くしてしまいました。土砂止め工は施してありましたが、搬出道路から崩れたようです。後で調べたら、市ノ俣川流域のほったらかしの皆伐地は、他県から来た業者の違法伐採地が多いようです。

また、集落の上流部には大きな崩落が何カ所も確認できます。やはり皆伐や放置林など施業の問題が大きいように思いました。

一方球磨村は、皆伐地はほぼ植林が施され、土砂止め工も施されています。それでも、商品にならず放置されたスギ林も結構目立ち、土砂や流木の発生源となっているところは多く見かけます。上流に行くほどに、土砂で埋まった谷や道路が確認されることから、山が供給源となって、下流の被害を大きくしたことは否定できません。

また、間伐がされていないいわゆるモヤシ林が崩壊しているところも多く見かけました。特に坂本は行徳川の被害にみるように放置林が多く、球磨村、水上村は比較的間伐がきちんとされていますが、上流部に行くほど放置林が崩壊しているところも見かけました。

楮木川も本流合流点まで流木が押し寄せ、国道２１９号線に面した家屋の１階は流木で埋め尽くされました。数キロ辿ると川の向きが大きく変わる場所があり、そのカーブのスギ林斜面は大きく崩落していました。ここは増水した水で緩くなった土壌がスギ林ごと崩壊したようです。もともとスギを植えていいような場所ではありません。その上流左岸にも皆伐地が続いています。ここは搬出道はなく、ワイヤーによる搬出をしたようですが、上部に残されたスギが倒れた後や、川沿いの斜面が崩れた跡がありました。

水上村も標高の高いところに行くほど皆伐地が想像以上に多く、尾根まで皆伐してあるところも目立ちます。そういうところにも苗木を植えた形跡がありますが、うまく育っていないようです。

4－5　伐採地からの流出土砂（枳ノ俣）

標高が高い場所の皆伐地を見ると、今回は大きく崩落はしていないが、放置された伐採木や作業道からの小さな崩落は至る所でみられ、今回の豪雨では下流まで影響を与えていないものの、今後は大雨の度に土砂や流木の供給源になるだろうと思われる場所が至る所に見られました。

3　シカの食害

シカの食害の程度は流域の場所によってかなり違います。大雑把に言うと、球磨川の右岸が酷くて、左岸は最近シカが入り始めという感じです。また、標高の違いでみると、脊梁山地に近いところでは食害のひどい時期は過ぎて現在は回復傾向にあり、標高が低い下流の山ほど今その被害はひどいと言えそうです。

水上村では、標高1000m前後の場所では、数年前にかなりの食害があったようで、シカは食べないアセビやユズリハ、また場所によってはミツマタが群生する場所が多く見られます。一方でほとんど食害に遭っていないような斜面なども多く、そこでは多種多様な草本類やシダ、また広葉樹の低木も残っており、本来の植生が残存していました。一方で、伐採して数年たってもシカが食べないチャノキなどが残り、他の植物は確認できないような場所も結構あることから、現在でもシカの食害は進行中なのだろうと思われます。シカの足跡もあちこちで見られましたが、坂本町ほどではありません。標高が高いところほど、シカ除けのネット破損個所が多く、低いところは植林後の苗木防護用の円形型シェルターが設置された斜面を多く見かけました。

球磨村のシカ食害も、ひどかった時期は過ぎたような印象です。道路沿いの斜面は、本来の植生で覆われたところも多いことから、深刻な状態になる前に対策が講じられた結果なのかもしれません。

また、皆伐後の植林地の周囲はシカ防護柵が丁寧に設置されていました。球磨村森林組合はシカ対策に相当力を入れていると聞いていましたが、その通りのようです。五木村も、下草が全くない林床の林が多いものの、もう酷い時期は通り過ぎ回復傾向にあるところや、他の地域よりシカが食べない低木で、覆われたところも多く見かけました。

シカの食害が何といってもひどいのは坂本町の球磨川右岸です。4〜5年前からあっという間に被害が拡大し、林床には草本、低木はなく、表土がむき出しになった裸地ばかりのところが増え、どこもディアラインがはっきりしています。雨が降るたび表土が流され、急斜面に岩が乗っかっている場所や木の根が浮いたようにむき出しになっている場所も、普通に見られていました。

シカの食害により、本来の植生とは変わっているものの、伐採後がススキやナチシダで覆われていたり、チャノキやイズセンリョウ、ユズリハなどの樹木がはびこった斜面は、崩落せずに残っている場所が多いのも目につきました。

4　小さなダムの問題点

正直、見ただけで砂防ダムと治山ダムの区別はつきませんが、崩落地が多くみられる林道から見えるこれらのダムの9割以上は、ダムを超えて土石が溢れ、その下の道路を埋め尽くし、場合によっては路肩を壊しているところも多く見かけます。砂防ダムによっては、その横が大きく崩れたり、砂防ダム自体が大きく破損していたり、堰堤の下が抉られて、そこから水が流れ出しているところも見られます。

また、2基、3基と連続した砂防ダムがある箇所もあり、確認したところは土砂等がそのすべてを超えていました。砂防ダムの役割は、堰堤の上に土砂を溜めることによって流れを緩やかにするのが目的だと説明されることが多いのですが、堰堤を超えて大きな土石が高いところから落ちてくるという恐怖を味わった砂防ダム下の集落の住民からは、砂防ダムに堆積した土砂を今年の梅雨時までに除去してほしいという声が聞かれるのも、現場をみれば納得できる話です。

また、勾配がなだらかな支流であるにもかかわらず、500mとか1km毎に土砂止めダムがある河川もありました。本流との合流点にある神瀬に大きな災害を出した川内川です。もちろん今回の水害ですべてのダムを土石が超えていました。災害前の各ダムの堆砂状況は分かりませんが、こんな平坦地にこれだけの土砂止めダムが必要であったということは、この上流部が以前から土砂の流出が懸念されていた場所であることが想像されます。これらの高さが3m以上とか5m以上とかあり、それらがすでに堆積土砂でいっぱいであったなら、被災前の河床はすでに昔よりかなり上昇していたことになります。上流が堆積してからが砂防ダムの役割といいますが、こんな勾配のない川に建設された土砂止めダムは、河床を上げて、流下能力を減少させるだけです。それが顕著なのが、神瀬地区を流れる川内川や百済来川に合流する小さな支流で、土砂止めダムや取水ダムの存在が河床上昇をもたらし、流下能力を極端に落としています。次回大雨が降れば容易に水はあふれ、上流の荒れた森林からの土砂で埋め尽くされそうです。

これらの小さなダムの堆積土砂除去は容易ではありません。だからといって、今の流域治水案で浮上しているより多くの砂防ダムや土砂止めダム建設が良いはずはありません。

5　森林政策の見直し

過去、日本の森林は幾度となく伐採されてきました。皆伐が原因で水害が起こった話も多く聞きます。水害の多発を理由に川辺川ダム建設計画が浮上する前の一九四〇年頃の流域の写真を見ても、はげ山だらけです。しかし、一九六五年に大水害が発生した時の写真を見れば、ダム湖に溜まった土砂の放出による泥の堆積はあっても、土石や流木はほとんど見当たりません。しかし、最近の日本各地で起こっている水害の報道をみても、土砂崩れや流木の流出には凄まじいものがあります。上流の山で何が起きているのか、真剣に考えるべき時にきています。

日本の山は古来、木材や薪炭材を供給する持続可能な里山として維持管理されてきましたが、一九五五年ぐらいからの燃料革命により、薪炭林を伐採して針葉樹が植えられ始めます。また建築用も、国産材は安い輸入材に押され、木材価格は下落する一方となりました。国産材の価格は一九八〇年のピークを境に下落し続けてきました。並行して林業者も減少、一九五五年には約50万人いた林業者は、二〇一五年には約5万人となっています。就業者の高齢化も問題になっています。結果として、山林の所有者は、森林組合に管理を委託するか、放置せざるを得ない状況に追い込まれてきました。これが大規模林業へと方性を変え、山に経済的価値があるかどうかだけが重要視されるようになりました。大型機械の導入に合わせ、大規模林道の建設が進むことになったのです。また、最近は、木材自給率を上げるという理由もあって、植林後50年を過ぎた木は、伐採期を迎えたという理由で皆伐される山が目立って増えています。建築用材となるA材より、合板・集成材、また、チップやバイオマス燃料となるB材、C材が増える結果となっています。

皆伐した山は、植林しても50年経過しないと伐採できません。しかし、植林地にまた苗木を植えても、きちんと育たない痩せた土壌が増えています。適正に間伐をしながら、お金になるA材を継続して出荷できる、そういう林業への転換が求められています。また、今間伐されたC材は、薪需要の高まりとともに価格も上昇しています。持続可能な人工林の施業を進めようという個人林業家も出てきています。林業の担い手育成と共に、間伐したB材、C材を流通させるシステム作り等、今林業のあり方は見直しが迫られているように思います。

人工林同様、自然林の利用についても見直しが必要なことは、これまで述べてきたことからも明らかだと思います。

おわりに

木材生産や国土保全機能、水源涵養、生物多様性の保全、温暖化の防止等々、森林が持つ公益的機能が言われるようになりましたが、それに逆行するように日本の森林環境は悪化し、今逆に災害の原因にまでなってきたと言っても過言ではありません。また、今回は下流の集落を襲うまでには至らなかった土石や倒木は、上流に山のように待機しています。多くの支流を巡り、その荒れた現状を見る度に、球磨川流域はもう手遅れではないかという危機感を抱きます。

今回の水害は、大規模な林道から小さな伐採木搬出道のつくり方、砂防ダムや治山ダムのあり方、シカ食害の増大、間伐・皆伐など林業施業のあり方等、この100年人間の山に対する行いのすべての積み重ねの上にあったのではないかという思いを強くしています。

また、分厚い防護壁や護岸がいとも簡単に壊されている一方、壊れなかった石積や川沿いの竹藪を何カ所でも確認しました。自然に逆らわず、水の通り道を考えて治水対策を行ってきた昔の人の知恵と技術に驚かされます。そういった失いつつある昔の工夫も再考する必要があります。

また、皆伐の施業の違いにより災害の程度に違いがあるにせよ、皆伐地が土壌の保水力を低下させ、水害の原因になったことは、今回の水害が示しています。少なくとも今の球磨川流域では皆伐を中止して、それに掛かる費用を森林保全に回すべきです。樹木はその根も含め70％前後は水分といわれます。森林の土壌とそれを支える森はまさしく緑のダムです。天然のダムを壊して、コンクリートのダムを造るというのはばかげています。

自然を改変してきた大小の工事の積み重ねが今回の水害につながったのであれば、自然への働きかけ方を小さなことからでも変えていくしかないのです。

線状降水帯を招いた温暖化を含め、今回の水害は人が起こした人災であり、私たち個人を含めすべての人・団体・自治体が意識改革をしなければ、同じ災害は再び起こりうることだけは確信をもって言えます。もう、知らないふり、見ないふりをしているのは終わりにしないと、明日の安全は約束されないことでしょう。

5　山の荒廃と山間河川の危機

今回の7・4水害後、数回にわたり現地に伺い、被害の状況調査を行い、その被害のすさまじさに圧倒されたものです。水位の高さ、泥土の量、流れてきた流木の多さ、渓谷を埋めた土砂と巨岩、土砂に埋まった人家と破壊された家、圧倒されるものばかりです。その中で何か「異」なものを感じるのですが、この違和感の原因が緑の山の斜面にあることに気がつきました。九州北部豪雨の後の福岡の朝倉では山腹の緑の中の至る所に褐色の山肌が見えていました。今まで経験した豪雨災害の後の山腹はどこも同じ様相で、深層崩壊と思われる土砂崩れです。

しかし今回の球磨川、川辺川流域は違うのです。皆無とは言いませんが、緑の中に褐色の山肌が目立つ山腹崩壊の後が極めて少ないのです。山に入ってみますが、すぐには訳が分からず、いろんな人に聞いてみても100％満足いく答えはなく、このことについて色々と検討してみたいと思います。

今回は、大通峠から五木村頭地で川辺川に合流する五木小川の上流域、竹の川から広域林道を経て水上村、胸川上流の田野、山田川流域、万江川流域、小川、川内川の流域を歩いてみました。まずは山の状況を語る前に、今日までの山の変遷について述べることが必要でしょう。

1　熊本の山地の変遷

九州、特に熊本の山林は、太平洋戦争中は軍需物資として、人工林、自然林ともに大量に伐採され、大陸に送られ、主に電柱や満州鉄道の枕木として使われました。

敗戦後は、物資と食料の欠乏するなか、国の復興と食料増産のため、山林が大量に伐採されました。その後経済復興期には、紙の原料のパルプ材として一山単位で自然林が伐採されました。この戦中戦後の無計画ともいえる森林の大量伐採の結果、昭和二〇年代から三〇年代にかけて、台風などによる山林災害や水害が続発し、一度の災害で数百人の犠牲者を出すのが常となりました。熊本市を襲った、一九五三年の6・26白川大水害の犠牲者400余名などがそうです。一九五四年の洞爺丸台風による風倒木の処理のため導入されたチェーンソーが森林の大規模伐採の速度を飛躍的にアップさせ、九州でも一九五六年ごろから、短時間での皆伐による大規模伐採が行われるようになり、山の様相が激変していきました。

これに対し、昭和二〇年代後半から、大規模伐採に対する反省も聞かれるようになりますが、営林署の政策は、大規模伐採、拡大造林一本やりでした。そのころ我々が驚きをもって聞いた言葉があります。それは、山林を「経済林」と「不経済林」とに区別し、ヒノキ、スギなどの針葉樹と松、楠などを増やし、ブナ、ナラ、コナラ等の照葉樹林を、不経済なものとして伐採して経済林にするというのです。この大規模伐採、拡大造林は昭和二〇年代の終わりから五〇年代前半まで続き、球磨川水系の民有林の実に80％近くが無くなりました。中でも昭和三〇年代の10年間に毎年伐採面積６０００haという信じがたい記録が残っています。

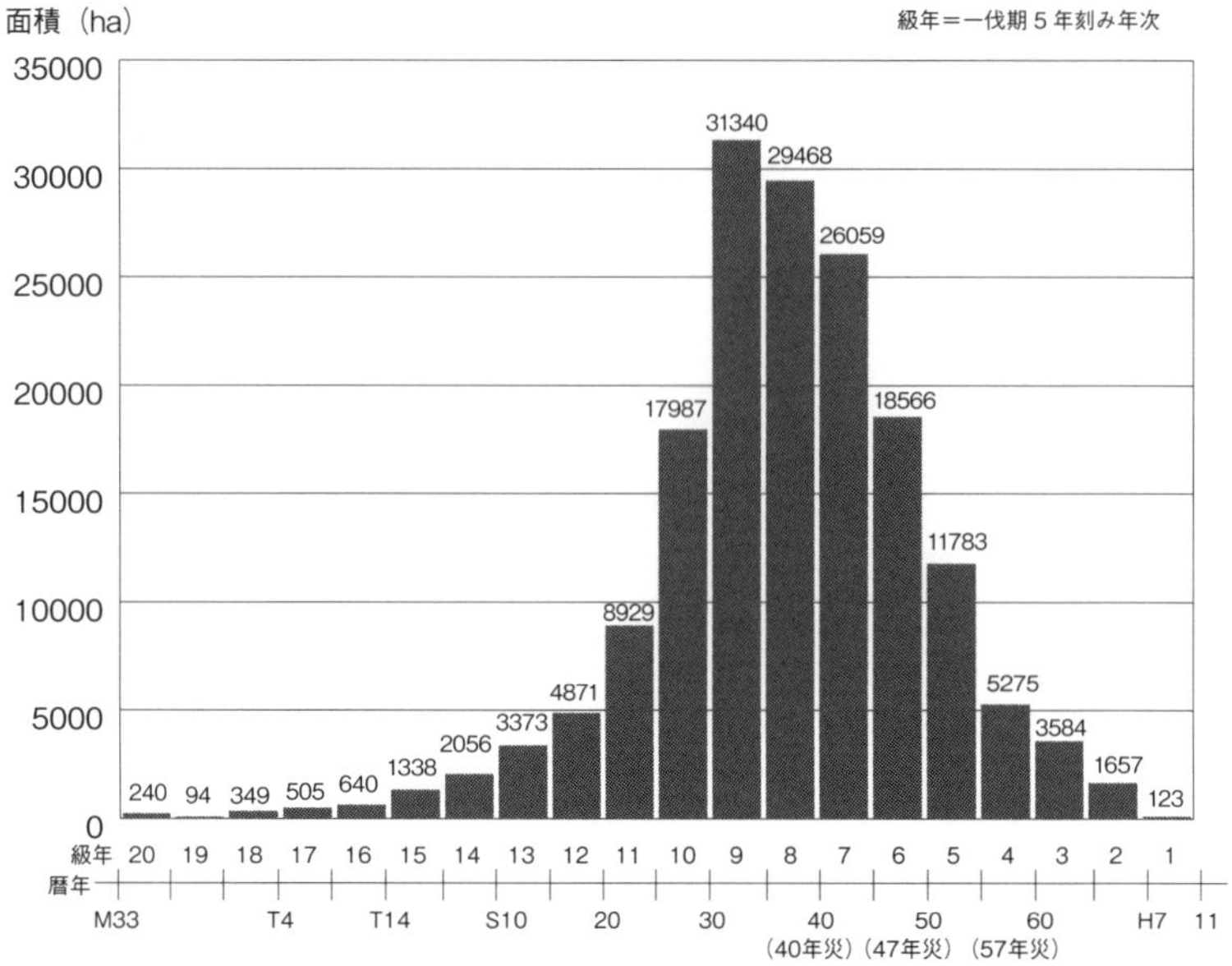

５－１　球磨川水系の級年別伐採面積と伐採時期（人工林・天然林合計）
出典：「脊梁の原生林を守る連絡協議会」代表中村益行さんの講演会資料から

このように伐採時と数年遅れて行われる拡大造林の結果、九州山地の森林は自然林、民有林の減少による山の乾燥化、樹種、植種の減少等多くの弊害が目につくようになり、一般市民の間から、原生林の保護の機運が上がり始めました。一九九〇年ころ市民登山家たちによる大崩集会に端を発し、熊本で「九州脊梁の原生林を守る連絡協議会」が結成され、中村益行代表の下、この会の地道な現地植生調査に基づいた当局との粘り強い交渉の結果、一九九四年七月、林野庁に国第一号の「天然生物遺伝子保存林」として、コアゾーン６４００ha、バッファーゾーン４３００haを第一級保護林と認めさせるにいたったのです。しかしあまりにも遅く、面積としては狭すぎる決定でした。

今の九州の林業経営は、極めて厳しい状況にあります。貿易自由化と円高による木材価格の低迷による経営不振とそのことに起因する森林作業従事者の極端な不足、このことが山林の荒廃に歯止めがかからない要因になっています。

２　今回の水害における河川被害の状況

今回の水害の現地、球磨、人吉を歩いてみて分かったことは、水害後の山の様子が地域によって違うことです。雨は牛深に始まり水俣、芦北、球磨川中流域、球磨川、川辺川上流域へと広がっていきました。八代海に面した芦北町、津奈木町方面では、山腹崩壊が、芦北町で10ヶ所以上、津奈木町では1ヶ所発生しています。この崩壊は、深層崩壊を思わせる様相を見せています。ここから東へ山一つ越えた球磨川、川辺川流域では、深層崩壊とみられる跡がみえません。それでいながら砂利や石は、膨大な量が、本川、支川を問わず河川とその流域を埋めています。人吉市でピーク流量は国交省の発表では、毎秒7900トンと言っていますが水害の痕跡から見ても毎秒1万トン以上との意見もあります。どちらにしても、降った雨水は山腹の斜面も小さな沢も川も支川も水で満たしていたはずです。深層崩壊が見られないのはなぜでしょうか。

五木小川の白滝公園の右岸の斜面では、小さな沢に多くの岩石と砂利が川に落ち込んでいます。明らかに小沢を岩と小石が流れ落ちるとき、両岸の岩を削りながら小石や岩石を増やしながら落ちていったことを物語っています。周りの森の林床には、多量の水と土砂の流れ（地表流）の跡が見られるとともに、森の中に放置された間伐材や倒木が木々の間に引っかかっていました（五木小川写真参照）。球磨川の支流で502㎜の累積雨量を記録した胸川の上流も、小沢に集まった雨水が左右のスギの木を倒した小さな崩落はあったものの、斜面崩落の跡はみられず、多くの地表流の跡が見られました。このような現象は球磨川、川辺川流域に共通して言えることではないかと思われます。八代海側の斜面と、球磨川の山腹の斜面との違いが何なのかは、今はわかりません。雨量の差も大きな違いはありません。しかし地質の違いには何らかの意味があるかもしれません。芦北、津奈木方面の山腹は腐葉土の下の土壌層が厚く基岩層との間隔が大きかったのではと思われるのに比較して、球磨川の斜面は腐葉土の下の土壌層に多くの小石や砂利を含んでおり、基岩層までの間隔が少ないのではないかと考えます。芦北側の樹木の根は土壌層に根を張っているのに対し、球磨川のほうは基岩層に張り付いていると推察されます。この件は今後現地調査を繰り返し、検証しなければ、簡単に結論は出せないことです。

5−2　芦北町田川牛渕の林地斜面で発生した崩壊と土砂の氾濫状況

5−3　五木小川

3　森林の荒廃と対策

大規模伐採と拡大造林の嵐は昭和五〇年代前半には全国的には下火になりますが、全国で最も営林署の優等生であった熊本営林署管内では昭和六〇年代中ごろまで自然林の皆伐は続きました。そのため九州、特に熊本の山林は、全国で最も自然林の少ないところです。熊本にとって山林の復活は、県民の安全を守るためには避けてはならないことです。

八代、人吉、球磨の山林は、昭和六〇年代前半まで国有林、民有林共に伐採が続き、人工林では樹齢50年からそれ以上のものが存在するはずですが、それらは木材相場に見合うものから伐採され、その後に植林はされたものの、かつての拡大造林時の勢いは無く、また経営不振に伴う人手不足のため、植林も、森林の整備も、滞っているのが現状です。そのため植林された山は放置人工林となり、植林時の密植のままのため、木の成長は進まず、樹齢50年のスギの幹の直径が20㎝に満たない「モヤシ林」となっている現状です。また植林もされずそのまま放置され、自然林に還りつつある所もみられます。

　また拡大造林時、伐採され、その後植林されないまま残った自然林は、切り株からの新芽（ひこばえ）が成長し、樹齢40～60年の自然林となっています。一見自然林の再生ですが、この森林の林床は大きな問題を抱えているようです。放置人工林も一見自然再生林も、下層植生が乏しく、それにシカその他の食害が山の荒廃の大きな要因になっているようです。今回の地表流による土石流の跡が数多く見られる八代、球磨、人吉の森林のほとんどが、このモヤシ林か一見自然再生林です。

4　健全な森林とは

　国土の保全、水源の確保等、森林の持つ多面的機能が発揮されることは、国民にとって最も必要なことです。そのためには、樹木の樹冠や下層植生が豊かであること、樹木の根系が深く、広く発達した森林であることが求められます。森林の土壌は、上から落葉層（腐葉土層）、土壌層、基岩層にイメージされます。樹木の根系は深く広く発達し、基岩層に食い込むことが望まれます。

　自然林に対しては自然条件に応じて針広混合林化、広葉樹林化、複層林化、長伐期化等を検討すること。人工林に対しては、まず間伐を適時に行い、樹間を広げて根の広がりを促進し、林内によく光を入れて下層植生を発達させ、雨による地表面の表面浸食による土壌の流出を低減させる。以上の目的で、人と森の関係が密であること、このような森が健全な森であり、目指すべき森の姿であると考えます。

　今回の水害を体験し、川と人との関係を見直し未来に対処していこうとする中で、山の荒廃を指摘し、対処しようとすることは非常に歓迎されることですが、まず我々が理解するべきこと、それは、山の変化のサイクルは50年、１００年にも亘る非常に長いものであることを知ることです。だからこそ、今回の山地災害の十分にきめの細かい調査と、その解析が望まれます。拙速に対処策を決めることは、厳に慎むべきだと思います。

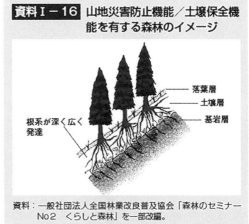

資料Ⅰ－16　山地災害防止機能／土壌保全機能を有する森林のイメージ

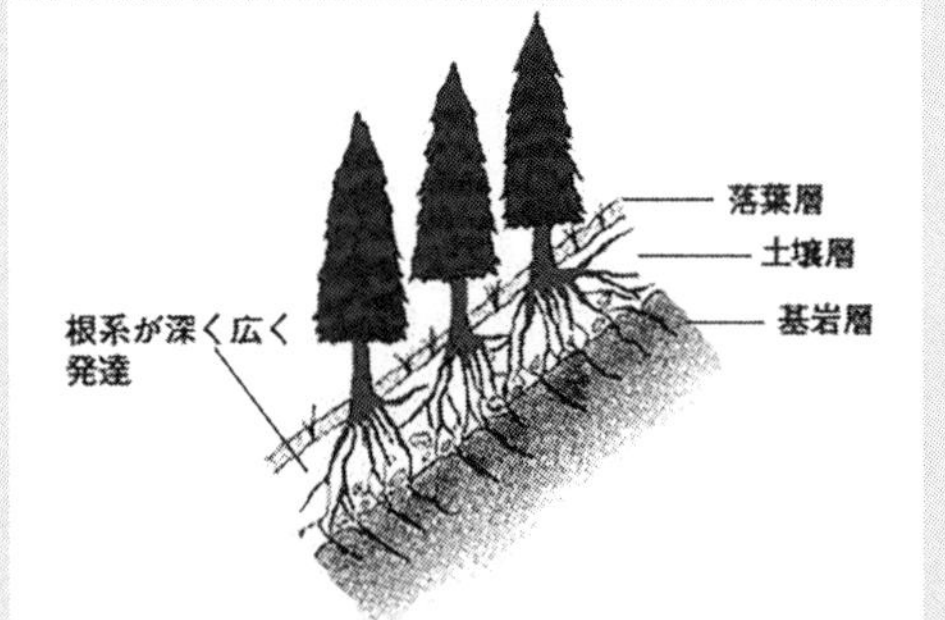

資料：一般社団法人全国林業改良普及協会「森林のセミナーNo2　くらしと森林」を一部改編。

5－4　山地災害防止機能／土壌保全機能を有する森林のイメージ（「令和元年度 森林・林業白書 令和元年度森林及び林業の動向　令和２年度」）

6 瀬戸石ダムが被害を拡大した

1　瀬戸石ダムの沿革

戦後、瀬戸石ダム建設の意思を最初に示したのは熊本県でした。一九五〇年以降、熊本県は「球磨川総合開発計画」を策定し、流域に7つのダムと9つの発電所を造ることを構想しました。瀬戸石ダムはその一つで、発電量は1万9800kWでした。[1] 一九五〇年一月、当時の県知事、桜井三郎は次のように語ったといいます。「球磨川水系の総合開発は、放棄されている球磨川の水をダムを作って貯水し、発電し、これによって無尽蔵の石灰岩を活用して、化学繊維を作る大企業も考えられる。（中略）これらの開発によって、農業県から工業県への発展が出来るのである」[2]。球磨川で発電した電力を工業化の基盤にするというバラ色の未来ですが、そのダムが流域に様々な害悪をもたらすことになります。

6－1　球磨川のダム

熊本県は、一九五一年一〇月時点で、球磨川での電源開発に関する部長会議を開き、瀬戸石地点をダム建設予定地とする結論を出しています。[3]

電源開発株式会社（当時は電源開発会社と呼ばれているが本章では電源開発株式会社に統一。以下電源開発）第三回設立委員会は、一九五[4]二年八月、球磨川で約14万kWの開発工事を含む事業計画を発表し、同年九月同社は球磨川を調査河川に指定、[5] 翌一九五三年二月、球磨川調査所を設置しました。[6]

一九五二年九月、九州電力は熊本県に対し、川辺川古屋敷の五木第一、竹の川を廃し、上頭地、四浦、永江、瀬戸石、古田の6地点の水利権の使用許可の申請をしました。[7]

一九五三年六月、電源開発の球磨川調査事務所は球磨川下流の瀬戸石、神瀬橋、一勝地は開発には水没家屋をできるだけ少なくするよう当初の一段式を改め、瀬戸石付近に高さ13m、神瀬橋下に17m、一勝地付近に27mのダムを設け、これらの落差を利用したいわゆる三段式のダムを建設、総出力9万kWの発電所を設置する計画を発表しました。[8]

そして一九五三年一二月、第13回電源開発調整審議会は、瀬戸石地点の電源開発は電源開発株式会社が行うことを決定しました。[5,9]

左岸所在	熊本県球磨郡球磨村神瀬	目的	発電
型式	重力式コンクリートダム	総貯水容量／有効貯水容量	9930千m³／3230千m³
所有者	電源開発株式会社(J-POWER)	堤高	26.5m
完成年	1958年	発電量(最大出力)	20,000Kw

6－2　瀬戸石ダムの諸元

これまでの動きから瀬戸石地点に限って言うと、熊本県、九電、電源開発という三者がダム建設を構想していますが、最終的には電源開発が事業主体としてダム建設を進めることになりました。この間の経緯について、中瀬哲史大阪市立大学大学院経営学研究科教授の調査によれば、戦後の復興における工業化の基盤となる電源開発において、電源開発株式会社が設立された背景には、東電、関電、中電、九電といった9電力会社だけでは日本全体で活用する電源開発は難しく、また各地域の連携は難しいこと、そこで、国の関与の強い特殊会社を設立し、国の資金を活用して電源開発を進めることがあるということです。

そして、本州であれば奥只見、佐久間、熊野川など、九州では球磨川がこの国によって設立される特殊会社（電源開発株式会社）による大規模な電源開発の対象と考えられていたといいます。

しかし先に述べたように熊本県による球磨川に対するあまりに熱心な開発意欲を見た国は、無下に熊本県の意向を無視すると球磨川での重要な水力電源開発が進まなくなること、またダム建設に当たっての立ち退きの際に県の協力を頼みたいとの判断から、荒瀬ダムは熊本県に任せ、国は、河川総合開発のため、多目的ダムとしての現在の市房ダムを建設し、そして電源開発株式会社によって、あまり補償のかからない「三段式」を目指し、まずは瀬戸石ダムを建設したのではないかということです。

一勝地ダム、神瀬ダムは建設されませんでしたが、瀬戸石ダムは一九五六年九月に本工事が着工され、施工は西松建設が担当しました。一九五八年九月にダムは完成し、瀬戸石発電所が営業運転を開始しました。[5]

2　流域の被害

二〇二〇年七月四日（以下水害当日）の豪雨被害では、瀬戸石ダムに関係する自治体（球磨村、芦北町、八代市坂本町）の犠牲者・行方不明者は、球磨村死者25名、芦北町死者1名・行方不明者1名、八代市坂本町死者4名・行方不明者1名でした。これだけの犠牲を出した豪雨被害ですが、瀬戸石ダム周辺ではどうだったでしょうか。

芦北町吉尾地区は、球磨川との合流部（和田口）に近い高野旅館などのかさ上げ後の住宅が1階まで浸水しています。少し上流の吉尾温泉診療所や湧泉閣も浸水しています。吉尾地区のAさん宅近くでは朝4時ごろ水が来て、川に軽トラが浮いていたそうです。それからいったん水が引いて、10時くらいに本川からバックウォーターが来たそうです。もっと上流の所の人も8時くらいには水は引いたが、8時から10時の間に下流から水が来たと語っています。

ダムより上流右岸側の球磨村多武除《たぶのき》地区では、4時くらいに停電し電話も不通状態に、4時25分に時計が止まったということです。一番国道側の商店は球磨川の水で浸かり、少し支流沿いの高まったところにある2軒は山水と土砂が押し寄せたそうです。山水は明け方5時から5時半くらいに来たそうです。

球磨村伊高瀬地区は球磨川を挟んで吉尾地区の対岸になる地区です。山水が来たのは2時か3時ごろで、砂利が家の中まで来たそうです。床上浸水したのは6時くらい。国道も住宅もかさ上げしてある所なので、住民は予想もしていなかったということです。支流が激流となって土砂を流してきました。かさ上げされた住宅の床ぐらいまで水が来ました。ピークは10時45分~11時くらいということです。

芦北町箙瀬地区は、球磨川左岸に沿って走る県道球磨田浦線沿いの住宅数軒とJR肥薩線のガードをくぐり、数メートル上がったところの住宅街の2つの集落に分かれています。県道沿いの住宅は1階の上の部分まで浸かっています。ガード上の住宅街にも水は押し寄せました。こういう水害はかつてなかったと住民も言います。

箙瀬地区よりさらに上流左岸側の白石地区では、かさ上げ工事が完了した住宅街が床上浸水しています。住民の話では、水害当日11時半ごろがピークで、水は県道を逆流したということです。地区上流の川の水が右岸→左岸→右岸→左岸と跳ね返り、最後に逆流してきたのではないかということです。ただ水の流れの方向については、普通に上流から下流に流れたと証言する住民もいます。車は流されましたが急な水の流れではなく、家も流されなかったし、他の住民を救助できたということです。

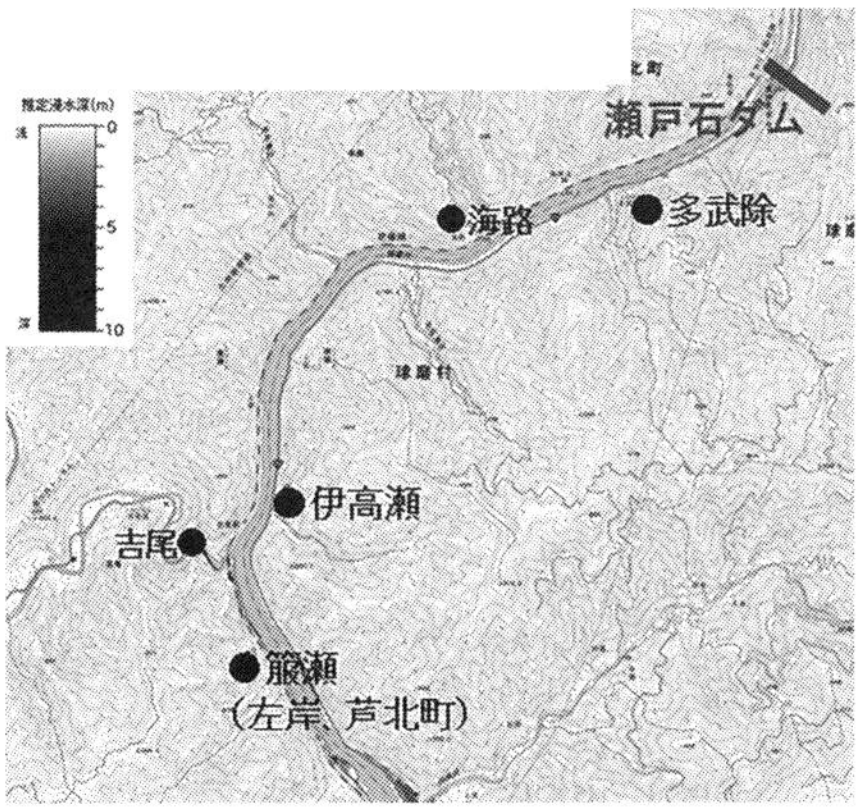

6－3　瀬戸石ダム上流の地図

八代市坂本町荒瀬地区は瀬戸石ダム下流の左岸の地区になります。荒瀬地区住民の上村雄一さんの話を紹介します。「宝暦五（一七五五）年の大水害と言われた八代市が冠水する事態がありましたけれども、それを超えたかもしれません。一九六五年にも大量の水が流れたのですが、それをはるかに超える水が流れてきました。放流量の放送が途中で途絶えてしまったので、どれだけの水が流れているのか分からなくなっていました。私の家は国道からかなり高い所にあります。その家でも全部冠水しました。冠水した時刻はだいたい7時です。洪水は下流からはじまっています。例えば、球磨川第一橋梁が冠水したのが4時半くらいです。人吉とかまだその時は全く被害の状況は発生しておりません。私が7時1分に人吉の青井神社前にある宮原針灸院の院長に電話しました。『青井神社は大丈夫だ』と宮原院長は言ったんです。冠水してないと言ったのです。人吉は8時半ぐらいになってから青井神社とかも冠水しはじめるわけです。だから洪水は必ずしも上流からはじまって下流がひどくなることは決してないということは、はっきりしているだろうと思います」。

吉尾・箙瀬地区から瀬戸石ダム方面に向かうと、いたるところで町道や肥薩線の線路の路盤自体が流失・陥没していました。単に増水・冠水したということでは説明できない現象が起こっています。

瀬戸石ダムでは、連絡橋の2mくらい上のゲートの箇所まで流木などが引っ掛かっていました。一番水位が高かった時には、ゲート自体が障害となって水の流れを阻害していたことになります。もちろんゲート間のコンクリートの構造物（門柱）も全て、川の流れを阻害していたことになります。住民の証言によれば、ダムの上流側と下流側で水位が同じ高さだったそうです。とてつもない量の水が押し寄せ、ダムにせき止められ、それがゲートから一気に下流に流れていったことになります（口絵⑺ページ写真「２０２０年7月4日朝の瀬戸石ダム（住民提供）」参照）。

電源開発は、二〇二一年二月、瀬戸石ダムの影響で水位が大きく上昇した事実は認められなかったという調査結果を公表しました。[11]しかし、この資料を見ても、なぜそう言えるのかが分かりません。水害当日の３時半ごろから、自然流下状態（水面より洪水吐ゲート下端が離れ、流入水をそのまま流下させる状態）となり、ダムからの放流量が流入量を上回っていないことが確認されたなどと述べていますが、電源開発の資料ではその後ダム湖の水位はピーク時点（11時から12時の間）までに、７m近く上昇していることが読み取れます。「ダムの影響により水位がおおきく上昇してはいない」という証拠にはなりえていません。また、「流入水をそのまま流下させる状態」と述べていますが、同様に電源開発の資料では下流側の流量が、上流側の流量に比べて1割以上多く流れていることが推定できます。「ダムからの放流量が流入量を上回っていないことが確認された」とは言えません。

電源開発によれば、水害当日の午前7時までに洪水吐ゲートを全開（フルオープン）し、操作を終了したということです。[12]このようなダムの運用により、ゲートが開放され、大量の水が押し寄せたことで、瀬戸石ダム下流はダムからの放流で急激な水の流れの発生と水位上昇が起こったことは疑いようがありません。

また、ダムより上流部分では、ダムにせき止められた水でダム湖の水位上昇が起き、バックウォーターの範囲が広まりました。このように、瀬戸石ダムの存在そのものが下流域には急激な水の流れと水位上昇をもたらし、上流域には洪水の流下を妨げ、水位上昇をもたらし、水害の拡大要因となっていることは明らかです。

さらに、瀬戸石ダムの問題点として以前から指摘されていたダム湖の土砂堆積が更に水位を高くしていました。これらが積み重なって、ダム湖周辺地域やダムの下流域に未曽有の被害をもたらしました。

被害の特徴

八代市の環境カウンセラーのつる詳子さんは現場を見て回った上で、被害の特徴として次のように語っています。「瀬戸石ダムの上流は、どこの集落も家の中含め、堆積泥の表面は真っ平で、ダム湖に長時間浸かっていたことを示しています。住民も支流から来た水が最初溢れてきたが、そのあと球磨川から水が来て、長時間湖のように水位の上下動がなかったと話しています。瀬戸石ダム下流のJR瀬戸石駅は、駅舎も駅の前にあった家も跡形なく流されています。上流と下流でこれほどの被害の違いがでるのは、瀬戸石ダムの存在があるからです」。

3　ダム自体が水害をひきおこす

ダム湖の土砂が被害を拡大させた

瀬戸石ダムが完成してから、ダム湖には土砂が溜まり続けています。二〇二〇年度、球磨川豪雨災害の後の調査では土砂が溜まっている量（堆砂量）は電源開発によれば65万㎥ということです。国土交通省は河川管理者としての立場から、ダムの維持、操作、その他の管理の状況について定期的に検査を実施しています。ダムの定期検査と呼ばれるものですが、瀬戸石ダムはこの定期検査で堆砂状況について二〇〇二年から二〇一七年まで8回連続A判定を受けています。A判定とは一番悪い検査結果で「ダム湖の堆積土砂により洪水被害が発生する恐れがある」というものです。このようなダムは他にはないことを国土交通省も認めています。[13]

このような指摘を受けても、電源開発の動きは鈍く、二〇〇〇年代は、ダム湖から撤去した堆砂の量は多くはなかったと思われます。二〇一四年の水利権更新前後に住民側から堆積土砂の問題を指摘された電源開発はそれ以降、撤去量を増やすようになりました。[14]

これまで最も多かった堆砂量（二〇一二年度：104万4000m³）に比べて、二〇二〇年度は約4割減少していると電源開発は自己評価していますが[10]、まだ約6割もダム湖に残っていることが問題です。

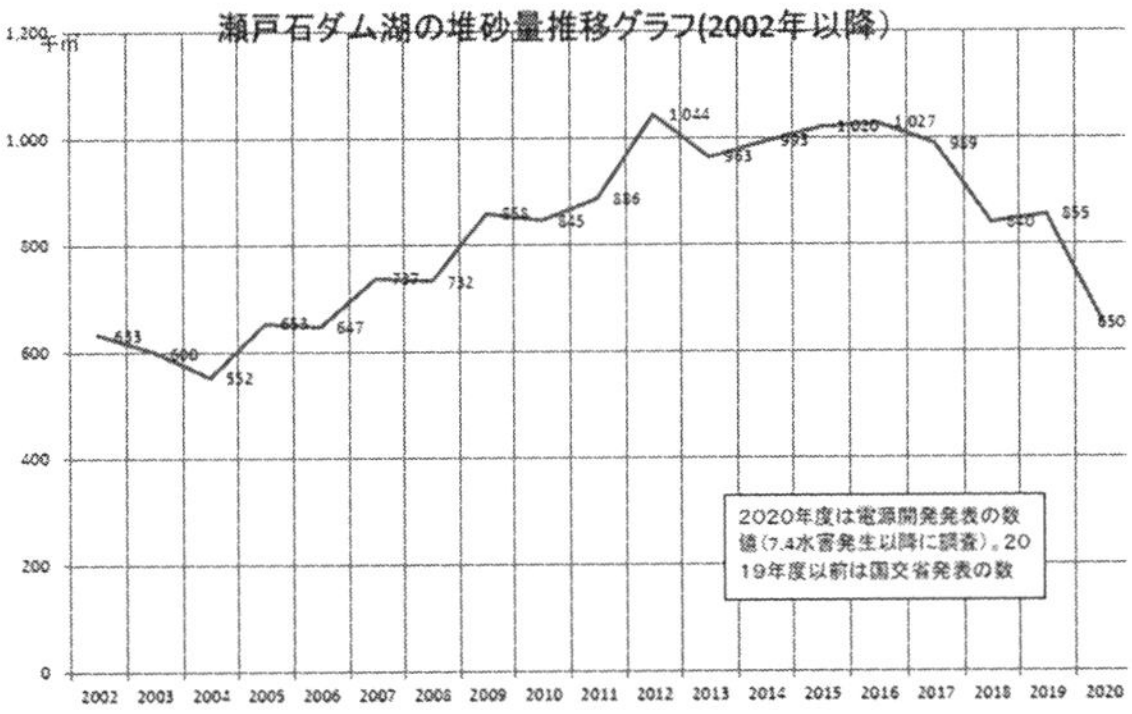

6－4　瀬戸石ダム湖の堆砂量推移

住民の証言ではダムが出来てから球磨川の水面は4mから10m近く上がったということです。研究者の調べでも、5m以上上がったという結果が出ています。

溜まった土砂をすべて撤去していたら、冒頭述べたようなダムより上流のダム湖周辺地域での酷い被害は発生しなかったはずです。本来なら、ダムが出来る前の状態に河床を戻すことが必要です。

住民無視の電源開発の企業姿勢

電源開発にはまともに土砂を撤去する意思はなく、国交省から何度も指摘されても、おざなりの土砂撤去しか行わず、住民側から指摘を受けて、やっと重い腰を上げて撤去量を増やすような状態です。

このような企業姿勢は厳しく批判されなければなりません。電源開発は瀬戸石ダム単体では収支は黒字と述べていますが[15]、他のダムの撤去量と撤去工事費用から瀬戸石ダムでの土砂撤去費用を試算すると瀬戸石ダム単体での黒字は疑わしいものがあります。[16]また、今回の水害で発電設備なども被害を受けており、発電を再開するには設備入れ替えのための巨額の投資が必要になります。[17]巨額のコストをかけて事業を継続するぐらいなら、一時的に巨費はかかろうとも撤去を選択して、それ以上の費用流出を防ぐのが常識的な企業判断です。電源開発のように撤去しないのは住民無視の姿勢、国交省へのおもねりとしか思えません。

瀬戸石ダムの目的は発電であり、「治水」（洪水防止）機能はありません。水路に流れを遮断するような板を置き、真ん中に穴を開けたらどうなるでしょうか。上流側でどんどん水が溜まり、下流側には穴からたまった水が勢いよく放出されます。洪水発生時には、ダム湖の水位上昇をもたらし、下流への流量増加と水位を上昇させる河道内の障害物、それがダムです。流域の安全にとって邪魔ものでしかありません。次ページのイメージ図を参照していただきたいのですが、最高水位時には洪水痕跡からダムの連絡橋や左右の国道・町道の上2mぐらいに水は達していたと考えられます。水が流れる

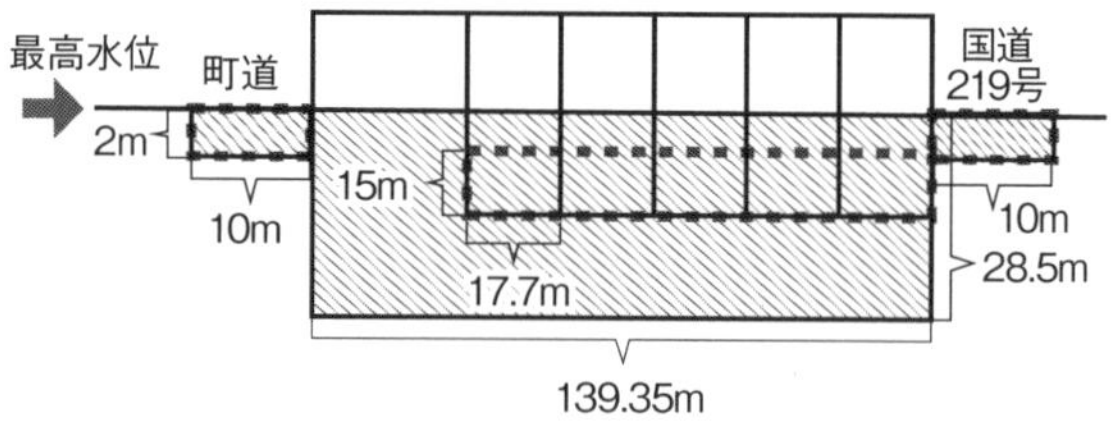
最高水位
町道
国道
219号
2m
15m
10m
10m
28.5m
17.7m
139.35m

6－5　2020年7月4日、瀬戸石ダムが川の流れを阻害している模式図（ダムの上流から見た場合）

ところは5つのゲートの開いた部分と国道・町道の上の空間（図の破線枠の部分）ですが、その部分は水に浸かっている部分（河道、図の斜線部分）の3分の1くらいの面積しかありません。残りの3分の2はダムの構造物が占めています。即ち、ダムが川の流れの約3分の2を阻害していることになります。水害当日のダム湖の水位上昇はこの瀬戸石ダムがもたらしたものと思われます。

ここに、国交省が作成した資料があります。[18] 水害当日の洪水の実績水位の推定をしたものです。この資料で言えることは、今度の洪水では、荒瀬ダム地点はダムが撤去されているため、ダムの上流・下流で水位の段差が生じていない、瀬戸石ダムから球磨村神瀬地区の川内川の合流地点付近までは堰上げ現象が現れており、それは瀬戸石ダム付近では5m程度の水位上昇ということです。国交省も、ダムが無ければ当然、上流と下流で水位差は生じない、ダムがあれば水位差が生じ、それは瀬戸石ダムの場合、ダムの上流7km地点にまで亘るということを認識しています。

ダムの存続を許した国交省も問題

国交省は二〇〇〇年代から瀬戸石ダムの定期検査を行って、ダムの堆砂問題については指摘していましたが、実効性ある堆砂対策を取らせようとはしなかったことは前に述べた通りです。国会議員から質問を受けても「注視」しているとだけ述べ、[13] 河川管理者として、これまでの水害（一九六五年七月、一九八二年七月）などで瀬戸石ダムが起こした水害を把握しているはずなのに何ら電源開発に対処させようとしませんでした。

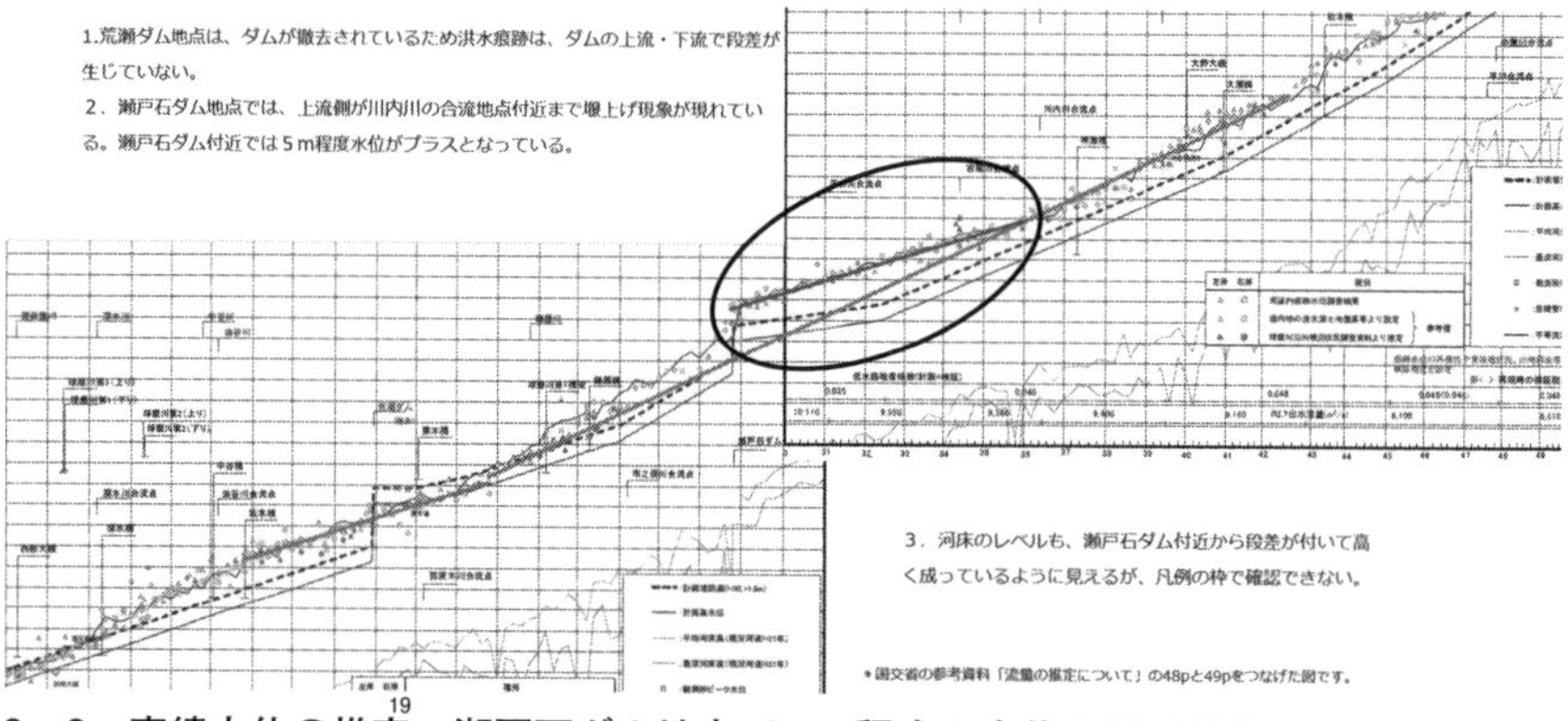
1.荒瀬ダム地点は、ダムが撤去されているため洪水痕跡は、ダムの上流・下流で段差が生じていない。
2、瀬戸石ダム地点では、上流側が川内川の合流地点付近まで堰上げ現象が現れている。瀬戸石ダム付近では5m程度水位がプラスとなっている。
3. 河床のレベルも、瀬戸石ダム付近から段差が付いて高く成っているように見えるが、凡例の枠で確認できない。
＊国交省の参考資料「流量の推定について」の48pと49pをつなげた図です。

6－6　実績水位の推定。[19] 瀬戸石ダム地点で5m程度の水位上昇が発生し、上流7km地点まで及んでいる

今回、死者や行方不明者まで発生しています。本来なら瀬戸石ダムが今回の洪水でどのような状況にあり、どういう操作が行われ結果的にどのようなことが起こったのか、すなわち河川内の構造物が洪水に対してどのような影響を及ぼしたのか、あるいは瀬戸石ダムが無かったとしたらどうなったのかを正確に検証しないと、ダムが水害に与えた影響は分かりません。今回の洪水でも、国交省は電源開発の動きを「注視していく」とは述べたものの、自ら電源開発に検証の指示を出してはいません。[20]

今回の水害の原因の一つは、瀬戸石ダムの存続を許し、まともな対策を電源開発にさせようとしなかった国交省の姿勢です。

川辺川ダム建設のために瀬戸石ダムの問題は見て見ぬふり

国交省は川辺川ダム建設を進めるために、瀬戸石ダムの弊害をひた隠しにしようとしています。過去の水害でも瀬戸石ダムは大きな問題を引き起こしたと思われますが、原因調査やダムの運用に関する対策は実施された形跡はなく、放置されてきました。

国交省が瀬戸石ダムの原因調査をまともに行わないのは、もしそれで瀬戸石ダムの問題が注目されたら、逆に川辺川ダム建設のブレーキになるからです。始めにダムありきなのです。

こうなれば、住民側から瀬戸石ダムの弊害を大きく訴えて、撤去を求める世論を作り出すしかありません。撤去を求める声が大きくなればなるほど、そのことが川辺川ダム中止にもつながります。

水利権更新の問題

今回の災害で明らかなように瀬戸石ダムは当然撤去すべきですが、現状では撤去運動を盛り上げたとしても、実際に撤去できる機会は二〇三四年の水利権更新の時まで待たなければなりません。この時に水利権更新を阻止できればダムは撤去となりますが、運動の力が弱く世論が高まらなければ、水利権は更新され、ダムは存続してしまいます。

今回の瀬戸石ダムのように、ダムが流れを遮り、洪水を発生させた場合、その時点で水利権の許可を取り消すような仕組みにし、洪水をひきおこすダムを河川から排除して、ダム災害を無くしていくべきです。また水利権許可の条件に、洪水を引き起こさないことを入れるようにして、危険な構造物が河川内に新たに建設されることを防ぐ必要があります。そのようにしないとダム災害を根本的に防ぐことはできません。

国交省は「ダム自体の問題と水利権更新は無関係」としてきましたが、電源開発はダムという工作物を河川内に構築し、それによって占用水利権を得ていますので、水利権更新を認めることはこの危険なダムが存在し続けることを認めることになります。ダムの問題と水利権更新とは密接に結びついています。

瀬戸石ダムは撤去しかない

瀬戸石ダムが完成してから60年間以上、流域住民はその弊害に悩まされてきました。ダム湖の水位上昇と大量の土砂堆積による更なる水位上昇と、そのことによる水害の頻発。ダム放流による振動被害。ダム湖周辺の護岸の崩壊。瀬や淵の消失によるアユなどの漁場や産卵場所の消滅。漁族の移動阻害。ウナギやアユなどの漁獲高の激減。赤潮やアオコによる水質汚濁と異臭、ヘドロの発生などです。そしてそれらの濁水が一気に下流域に放流されることにより、球磨川の内水面漁業だけでなく不知火海の漁業にも多大なる悪影響を及ぼしてきました。

荒瀬ダムが撤去されて環境が回復しました。球磨川や不知火海の再生にとって、荒瀬ダム撤去の効果は計り知れないものがあります。全く歩けなかった河口干潟は、砂が供給され始めるとともに人が入れるようになり、多くの市民がアナジャコ捕りを楽しめるようになりました。稚魚の育つアマモ場は、荒瀬ダム撤去後、次第にその面積を広げています。そのことにより、イカやサヨリが卵を産み付け、えび、うなぎ、底モノと呼ばれる魚も増えています。ダムがあった時は、30㎝ほどにしか伸びなかった天然の青ノリは、ゲート全開とともに伸びはじめ、すぐに1・5mほどに成長するようになり、今では3〜4mほどに成長するようになっています。熊本県の調査でも、川の底生生物は荒瀬ダム撤去前と比較して7倍に増えたことが明らかになっています。

ただ、それも一時的です。荒瀬ダムが撤去されたことによって、荒瀬ダム湖にたまっていた土砂が下流や八代海に供給されましたが、溜まっていた小さな砂利や礫は上流に行くほど既に少なくなっています。しかも上流の瀬戸石ダムから供給されるのは、砂利や礫ではなく泥であるため、瀬戸石ダム下流の河原は残された大きな石ばかりが目立つ粗粒化（アーマー化）が進行し、浮石が多かった河原の礫の周りには泥が堆積し、河原には、草本が繁茂しつつあります。ダムの下流に特異な河床・河原の形態に変化しつつあります。瀬戸石ダムの影響で、ダムのある頃の川にまた戻りつつあるのです。このようなダムは荒瀬ダムに続いて撤去するしかありません。

電源開発株式会社の発電量は日本全体の発電量のわずかに6・4%を占めるに過ぎませんし、瀬戸石ダムは同社の全水力発電量の0・2%にしかすぎません[21]。同社にとって、とるに足らない量でしかありませんが、その電力を生み出すためには近隣住民に対する生命の危険や川や海の環境破壊さえ押し付けるということが許される訳がありません。

住民に被害を押し付けないようにするべきですし、それができないなら即、撤去すべきです。

【注】

1 熊本県企画部『県政のあゆみ』98-99頁（一九五八年一一月）
2 南良平『戦後　熊本の県政史』37-38頁（一九九六年、熊本日日新聞情報文化センター）
3 熊本日日新聞一九五一年一〇月一八日付け記事
4 同前一九五二年八月二二日付け記事
5 『10年史』120頁（電源開発株式会社社史。一九六二年九月一六日発行）
6 同前119頁
7 熊本日日新聞一九五二年九月一六日付け記事
8 同前一九五三年六月一六日付け記事
9 同前一九五三年一二月一五日付け記事
10 「瀬戸石ダム　堆砂量および堆砂排除計画」（二〇二一年二月一九日、https://www.jpower.co.jp/oshirase/pdf/oshirase210219_2.pdf)
11 「瀬戸石ダム・発電所の状況について」（二〇二一年二月付、https://www.jpower.co.jp/oshirase/2021/02/oshirase210219.html)
12 「令和二年七月豪雨における瀬戸石ダム・発電所の状況について」（二〇二〇年八月一二日、https://www.jpower.co.jp/oshirase/2020/08/oshirase200812.html)
13 二〇一七年六月六日、参議院総務員会での山下芳生参議院議員の質問に対する国土交通省水管理国土保全局次長・野村正史氏の答弁。肩書は当時
14 二〇一四年度：3万2621㎥、二〇一五年度：4万6300㎥、二〇一六年度：4万9100㎥、二〇一七年度：6万2500㎥、二〇一八年度：6万9900㎥、二〇一九年度：8万7000㎥。この数字は電源開発が国交省に提出した二〇二〇年度の瀬戸石ダム湖の土砂撤去計画申請書の8頁（西日支土発第90号、http://kawabegawa.jp/setoishi/2021DoshaTekkyoKojiKeikakushoISHINSEISHO.pdf)に掲載されている。
15 二〇一九年六月四日、参議院議員会館における電源開発幹部との交渉時の発言
16 千葉県の高滝ダムでは年間2億円をかけて3万㎥の土砂を撤去している（https://www.nhk.or.jp/politics/articles/lastweek/27725.html）。瀬戸石ダムの推定土砂撤去費用は8万7000㎥（二〇一九年度の瀬戸石ダムの土砂撤去量）×2億円÷3万㎥＝5億3800万円となる。
17 国交省が作成した「平成13年度球磨川水系治水計画検討業務報告書」に瀬戸石ダムを撤去する場合の費用は9億9300万円との記載があるという。
18 八代河川国道事務所ウェブサイト：ホーム→河川情報→令和二年七月球磨川豪雨検証委員会→参考資料　http://www.qsr.mlit.go.jp/yatusiro/river/index/index/index.html の「流量の推定について（令和二年一〇月二〇日）の資料（2／2）」。
直接リンクはhttp://www.qsr.mlit.go.jp/yatusiro/site_files/file/bousai/goukensho/sankousiryou/sankousiryou-ryuryou2.pdf
19 この図は注18の資料「流量の推定について」の48頁と49頁をつなぎ合わせたもの
20 二〇二一年一月四日、国交省九州地方整備局八代河川国道事務所森副所長とのやり取り
21 二〇一四年、中島熙八郎熊本県立大学名誉教授の調べ

7 流水型川辺川ダムでは命も清流も守れない

1 流水型ダム（穴あきダム）とは？

洪水時の河川は大量の土砂を流下させるので、ダムに土砂が堆積することは避けられません。ダムには堆砂容量として、原則100年間で堆積すると見込まれる容量を確保しているのですが、どんなダムでも、いつかは土砂で埋まってしまうことになります。

そこで、富山県の黒部川にある出《だ》し平《だいら》ダムでは、ダムの下部に排砂ゲートをつけ、堆積した土砂を排出するというシステムを採用しました。このシステムではダム下流の川の河床低下や河口付近の海岸浸食も防止できるとされ、運用前は「自然に優しいダム」とも呼ばれました。ところが、貯水を開始して6年目にあたる一九九一年に排砂放流を行ったところ、6年間ダム湖底に積もった土砂の中に含まれた有機物が湖底でヘドロ化し、悪臭を伴うヘドロが黒部川から富山湾をコーヒー色に染め、深刻な漁業被害を引き起こしました。

7－1　流水型ダムである益田川ダム（島根県）

この問題を解消するためにか近年、国土交通省が推し進める新たなダム建設では、ダムの目的を治水機能のみとし、穴を河床付近に設置して普段は水をためない流水型ダムが見られます。

国土交通省の資料に、海外の流水型ダムの例として米国オハイオ州のテイラーズビルダム（高さ20m、一九二一年）や、スイスのオルデンダム（高さ42m、一九七一年）の写真が掲載されていました。それらのダムは規模も小さく、流域の地形や降雨量なども日本とは全く違うので、参考にはならないと感じます。流水型ダムの国内での実施例も少なく、島根県の益田川ダム（二〇〇五年完成）など5例しかありません。

けた違いの規模の流水型ダムとなる

熊本県の蒲島郁夫知事は、二〇二〇年七月四日の球磨川豪雨災害を受け同年一一月、「命も清流も守る」として流水型の川辺川ダム建設を求めると表明しました。

既存の流水型ダムのパンフレットを見ると、「普段は川に水が流

	高さ	総貯水量	有効貯水量	堆砂容量	集水面積	湛水面積
益田川ダム（島根県）	48m	675万㎥	650万㎥	25万㎥	87.6㎢	0.54㎢
辰巳ダム（石川県）	47m	600万㎥	580万㎥	20万㎥	77.1㎢	0.42㎢
西之谷ダム（鹿児島県）	21.5m	79万㎥	72万㎥	7万㎥	6.8㎢	不明
浅川ダム（長野県）	53m	110万㎥	106万㎥	4万㎥	15.2㎢	0.08㎢
最上小国川ダム（山形県）	41m	230万㎥	210万㎥	20万㎥	37.4㎢	0.28㎢
立野ダム（熊本県、建設中）	90m	1010万㎥	950万㎥	60万㎥	383.0㎢	0.36㎢
川辺川ダム	108m	13300万㎥	10600万㎥？	未定	470.0㎢	3.91㎢

7－2　全国５つの流水型ダムの諸元

れ、ダムに水が貯まることはありません。そのため、土砂の流下や魚の遡上を妨げません。また、普段はダムに水を貯めないことから富栄養化などの水質悪化もありません。さらに、ダム内を水が流れる穴（常用洪水吐き）には、魚が遡上しやすいよう魚道を設置しています。環境に与える影響を軽減する環境に優しいダムです」などと書いてあります。はたして流水型の川辺川ダムで、命と清流が守れるのでしょうか。

現在、全国で５つの流水型ダムが運用されていますが、運用開始から日が浅く、その効果も問題点もよく分かっていません。もし川辺川ダムが完成すれば、既存最大の益田川ダムと比べ総貯水量で約20倍、集水面積で約５倍、湛水面積（水没面積）で約７倍の、けた違いの巨大な流水型ダムとなります。

２　流水型ダムの構造的欠陥

流水型ダムも緊急放流を行う

益田川ダムなどの現在運用されている国内の５つの流水型ダムは、いずれもダムの上の方に、緊急放流をするための大きな穴がいくつも並んでいます。流水型ダムでも想定以上の雨が降った場合、ダムは満水になります。その場合、ダムに流れ込む洪水をそのまま下流に流す異常洪水時防災操作（緊急放流）を行うことで、ダムの放流量が一気に増加して、ダム下流の水位は一気に上昇します。

国土交通省は緊急放流があっても「ダムによる洪水調節で避難の時間を確保できる」と主張しますが、深夜や早朝などの場合や、住民に連絡が届かなかった場合はどうなるのでしょうか。二〇一八年七月七日の西日本豪雨災害では、愛媛県肱川の野村ダムが未明の豪雨の中、緊急放流を行い、住民は緊急放流を知ることも逃げることもできずに、尊い人命が失われています。

毎日新聞（二〇二一年一月二七日）によると、二〇二〇年一二月の国土交通省等による第２回球磨川流域治水協議会の説明資料から「川辺川にダムを建設後、今回の１・３倍以上の雨量があった場合は異常洪水時防災操作（緊急放流）に移行する」との想定の記載が削除されていました。ダム建設に不利な情報を隠すようでは、とても客観的な協議とは言えません。

仮に川辺川ダムが存在し、昨年七月四日の豪雨時に球磨川中流域を襲った線状降水帯が川辺川ダムの集水域を襲った場合、川辺川ダムは満水となり緊急放流を行っていたことは明らかです。

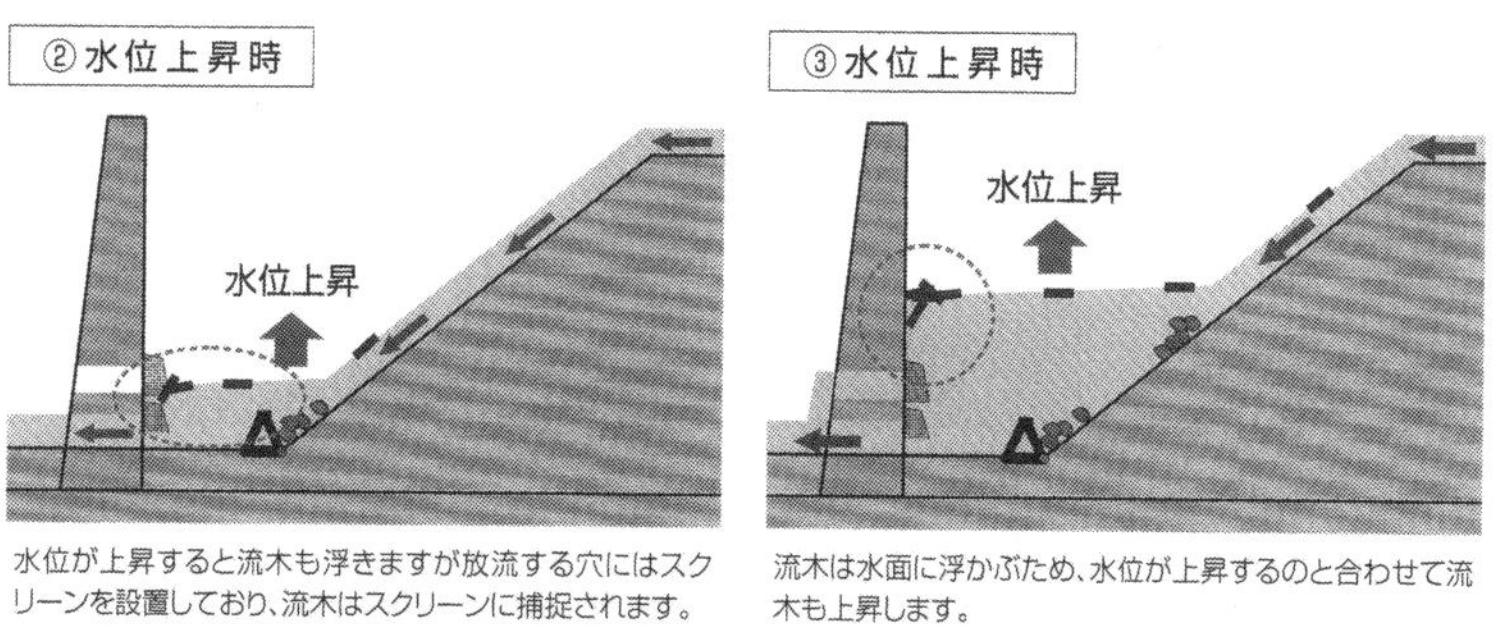

②水位上昇時
水位上昇
水位が上昇すると流木も浮きますが放流する穴にはスクリーンを設置しており、流木はスクリーンに捕捉されます。
③水位上昇時
水位上昇
流木は水面に浮かぶため、水位が上昇するのと合わせて流木も上昇します。

7－4 「立野ダムの穴をふさぐ流木がダムの水位が上がると浮いてくる」と主張する国交省資料（ホームページより）

7－3 益田川ダムの穴の上流側を覆うスクリーン

流水型ダムの穴が流木等でふさがる

洪水時の河川は、多量の流木や土砂、岩石などを押し流します。流水型ダムの最大の弱点は、河床と同じ高さの穴が、流木や岩石等でふさがってしまうことです。穴がふさがれば、洪水調節できなくなるのはもちろん、ダム周辺や下流は大変危険なことになります。

国内の流水型ダムはいずれも、流木や岩石がダムの穴に入り込まないように、ダム本体の上流に流木を受止めるスリットダムを造ったり、ダムの穴の上流側をすき間20cmのスクリーン（柵）で覆っています。しかし、大量の流木や岩石等がひっきりなしに流れる洪水時の河川の状況を考えると、スリットダムやスクリーンはたちまち流木等でふさがってしまうことが容易に想像できます。

国土交通省は、現在建設中の流水型ダムである立野ダム（熊本県）では、ツマヨウジ等を流木に見立てた模型実験で、スクリーンをふさぐ流木はダムの水位が上がると浮くから穴はふさがらないとしています。模型実験に使用したツマヨウジは、乾燥した木材です。洪水時に川を流下してくる木材は、水を含み非常に重くなっています。また、洪水時に実際に流れる流木は円柱ではなく、枝葉や根がついており、当然曲がったり直径が変化したりしています。模型実験では、それらが絡み合ってスクリーンに貼り付いた場合を想定していません。

流木を穴が吸い込む力は、流木の浮力よりもはるかに大きいのは明らかであり、国交省の主張は、あり得ないことです。

既存の流水型ダムである益田川ダムは、「運用開始から穴が流木などでふさがったことはない」と説明されています。しかし、益田川ダムの上流には、本流（益田川）に嵯峨谷ダムが、支流（波田川）に笹倉ダムが、もう1つの支流（馬の谷川）に大峠ダムがあります。つまり、洪水時に益田川ダムに流れ込むはずの流木や土砂などの大半は、上流にある3つの既存のダムでカットされ、益田川ダムには流れ込まないわけです。

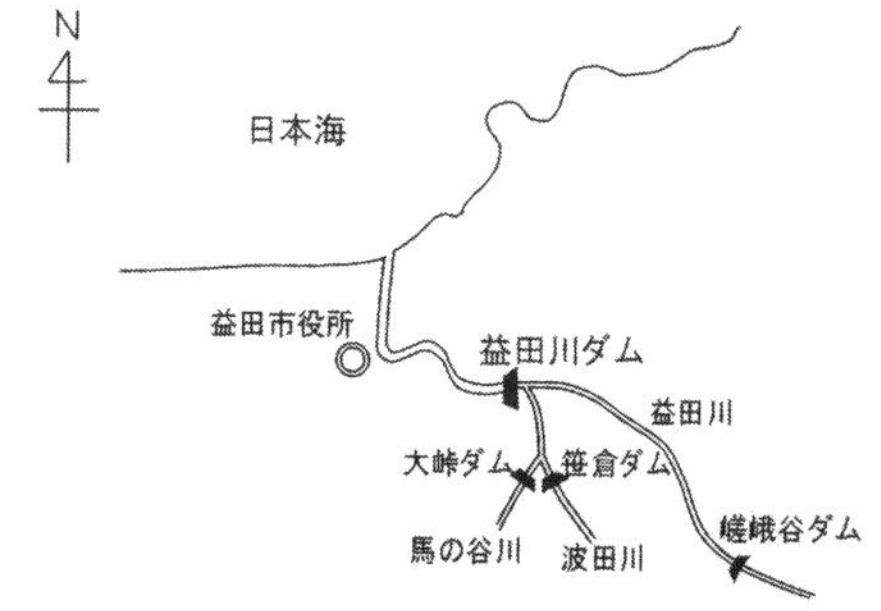

N
日本海
益田市役所
益田川ダム
益田川
大峠ダム
笹倉ダム
嵯峨谷ダム
馬の谷川
波田川

7－5 益田川ダム上流のダム

7－6　閉塞した裾花ダムのゲート。「ダムの常用洪水吐ゲートの機能低下に伴う洪水リスク評価に関する検討（高田翔也・角哲也）」より

流水型川辺川ダムの穴にゲートをつける検討が

既存の5つの流水型ダムの穴にはゲートはついていません。ところが球磨川流域治水協議会では、流水型川辺川ダムで効率よく洪水調節をするために、ダム下部の穴にゲート（水門）をつける検討がされています。

す。流水型ダムの穴にゲートを付けたら、どのような危険性があるのでしょうか。

長野県の裾花《すそはな》ダム（高さ83m）は、ゲート付近まで堆砂が進んだので、ゲート操作時に土砂や沈木がゲート開口部に引き込まれ、ゲートが動かなくなりました。ゲートが低い位置にあり、堆砂が進んだダムは同じようなリスクがあり、そのようなダムを抽出した研究結果も存在します。

ゲート付の流水型ダムは、「ゲートが低い位置にあり、堆砂が進んだダム」と同じ状況です。流水型ダムでは沈木だけではなく、全ての流木がゲートを通過する可能性があるのですから、裾花ダムより深刻な状況になることが十分に考えられます。

3　球磨川と川辺川の河川環境に致命的なダメージを与える

高さ約108mの流水型川辺川ダムの穴（トンネル）の長さは100mあまりになると推測されます。ダムの上流には流木防止用のダムが、ダムの下流には放流を受止める副ダムが造られると推測されます。副ダムのスリットや、長さ数百メートルのコンクリートの浅瀬も出現すると推測されます。これでは魚類も遡上できないのは明らかです。

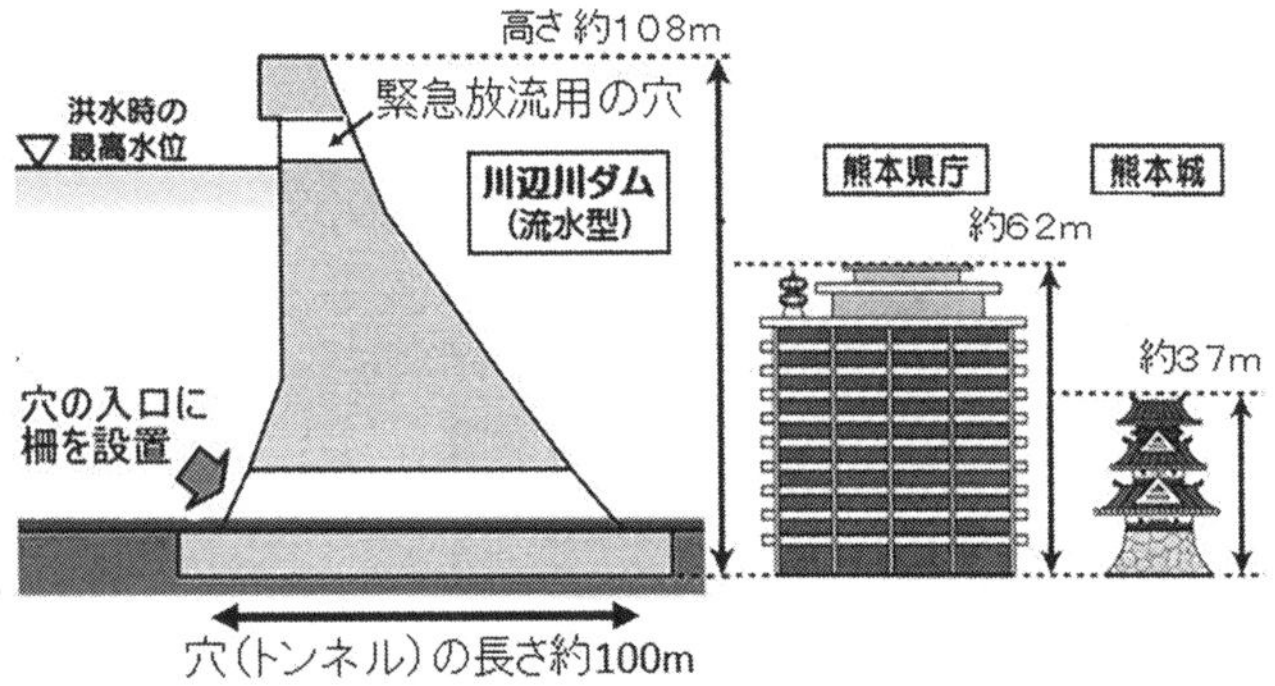

7－7　流水型川辺川ダムのイメージ図（国交省資料を加工）

流水型ダムは洪水時、ダムの上流に土砂や岩石等を大量にため込みます。洪水が終わった後は、たまった土砂が露出して流れ出し、川の濁りが長期化します。また、ダム下流への砂礫の供給はなくなり、岩盤の露出など河川環境に大きなダメージを与えることは明らかです。

国交省は、流水型ダムの水位が下がるとともに、たまった土砂も一緒にダムの穴を通り下流に流れるので土砂は堆積しないとしていますが、あり得ない話です。

二〇〇五年の豪雨で、川辺川上流にある朴ノ木砂防ダム（穴あきダム）は大量の土砂をため込み、洪水後はたまった土砂が露出して流れ出し、長期間下流の川辺川と球磨川を濁しました。高さ25ｍの朴ノ木砂防ダムでもこの有様です。高さ１０８ｍの川辺川ダムができれば、さらに大量の土砂が堆積し、濁りが長期化することは明らかです。ダム下流への砂礫の供給はなくなるので、人吉市の球磨川は岩盤むき出しの無残な状態になります。

7－8　朴ノ木ダム上流に大量に堆砂した土砂（2006年１月）

川辺川ダムによらない治水の実現を

二〇〇八年の蒲島知事の川辺川ダム反対表明後に始まった、国交省と県、地元市町村による「ダムによらない」治水対策の議論は、当時過去最大の一九六五（昭和四〇）年の洪水を目標にしていました。国交省は「人吉地区で河道掘削はできない」として、人吉市街地５７０戸の家屋移転を伴う１００ｍの球磨川の引堤案などの非現実的な治水対策案ばかりを提案してきました。これでは何一つ決まらなくて当然です。結局国交省は、最大で１兆２０００億円の事業費や、最長工期２００年の10案を示し、議論が行き詰っていた二〇二〇年七月、球磨川流域は空前の豪雨に襲われたのです。

二〇二一年一月二六日に開かれた第３回球磨川流域治水協議会で、国交省は今後10年程度で実施する「緊急治水対策プロジェクト案」を提示しました。その中で国交省は、これまでできないと主張してきた人吉地区での70万㎥の河道掘削などを盛り込み、ダムを除けば10年程度での事業完了を見込み、昭和四〇年洪水なら少なくとも越水は防げるとしています。

こうした現実的な議論が、なぜ12年の間になされなかったでしょうか。12年前に今回のような治水対策案が提案され、実施されていれば、二〇二〇年七月の球磨川豪雨でも水位は相当低下し、被害も相当低減できていたはずです。

流水型の川辺川ダムでは命も清流も守ることはできません。限られた国の予算は、これまで長年放置されてきた河道に堆積した土砂の撤去や森林の保全など、誰もが賛同し、すぐにでも開始できる事業にこそ投入すべきです。

【参考文献】
「米国における洪水調節専用（流水型（DRY））ダム」（角哲也）
「スイスにおける治水専用オルデンダムの水利設計と管理」（角哲也）
「ダムの常用洪水吐ゲートの機能低下に伴う洪水リスク評価に関する検討」（高田翔也・角哲也）
「浅川ダムリーフレット」（長野県、平成二九年五月）

8　国土交通省（水管理・国土保全局）の気候に関わる問題意識とその対応方策の変遷

はじめに

二〇一八年九月二日の「第22回川辺川現地調査」において、「想定外」という言葉を問題とする議論がありました。その趣旨は、近年頻発する豪雨災害について国土交通省（以下「国交省」とします）が「想定外の豪雨…」などの言葉を使うことについて疑問を呈するものでした。豪雨災害の頻発は、それまで「異常気象によるもの」とされることが多かったのですが、毎年のように異常気象という現象が繰り返される――異常気象が常態化していることを気候変動と捉えるべきであり、それを前提とすれば「想定外」という言葉の使い方は「責任逃れ」のように聞こえる。また、「想定外」が繰り返されるということは、その「想定」自体が見直されなければならないのではないかというものでした。

さて、想定自体は否定されるものではありません。例えば、災害に耐える構築物を設計するには、どの程度の地震や暴風・大雨・火山噴火などに耐えられる強さや仕組みが必要なのかの条件設定が必要です。しかし、将来どんな地震や暴風・大雨・火山噴火が発生するのかは、現代の科学では正確に予測できません。そのため、過去に起こったことをもとに「どんなことが起こり得るのか」を予想するしかありません。その予想が想定とも言われています。

時間が進むほど「過去」は増えます。想定は過去のことをもとにしているのですから、これまでになかったことが起これば「新しい過去（に起こったこと）」として常に組み込みながら、想定を進化させていかなければなりません。二〇二〇年七月四日の球磨川水系大水害も、これまでになかったことです。

しかし、想定を見直すことは簡単ではありません。ある段階の想定される災害に「耐えられる強さや仕組み」をつくるには、そのための考え方、技術や材料、仕組みなどをつくり上げることが必要です。そのこと自体、大変な努力を要します。だからこそ、いったん確立された「考え方、技術や材料、仕組みなど」を大きく変えることは、ある意味、いっそう難しいことになりがちなのです。

1　気候に関わる問題意識の変遷

以下は、ネット上で公開されている一九九七〜二〇二一年までの「国交省水管理・国土保全局関係予算概要」（各年度四月または三月と同一月）から「気候」に対する認識に関わる記述・文言等をピックアップし、それらの変遷を整理したものです。

なお、国交省は、中央省庁再編により二〇〇一年一月六日に建設省、運輸省、国土庁、北海道開発庁と統合して設置されたものです。また、水管理・国土保全局（以下「水・土局」とします）は、二〇一

○年以前は「河川局」という名称でしたが、二〇一一年度より現在の名称に代わっています。

各期間の気候に関わる問題意識

以下、この25年間を6期に区分してそれぞれの気候に関する認識状況を整理していきたいと思います。

【一九九七〜二〇〇一年】

一九九七年：「大洪水や異常渇水」、「頻発する水害・渇水」。
一九九八年：「頻発する水害・土砂災害、渇水及び震災等の大規模な災害」。
一九九九年：「八月豪雨・秋雨前線豪雨　例年になく激甚な水害・土砂災害」、「我が国は脆弱な国土条件を有している」（その中で、ゲリラ豪雨の頻発、年間雨量の減少傾向、少雨と多雨の差が増大の記述）。
二〇〇〇年：「梅雨前線・台風による高潮災害　激甚な水害・土砂災害多発（特に、近年の土砂災害頻発を強調）」、「我が国は脆弱な国土条件を有している」。
二〇〇一年：「東海地方秋雨前線による都市型水害」、「我が国は脆弱な国土条件を有している」。

以上、この時期においては、「頻発する」あるいは「激甚な」水害、土砂災害の発生が強調されており、「都市型水害」も挙げられるなど、災害の様相についての記述が主なものとなっています。ただ、一九九九年には、「我が国は脆弱な国土条件を有している」の中でゲリラ豪雨の頻発・年間雨量の減少傾向・少雨と多雨の差の増大に触れています。また、二〇〇一年には、第九次治水七ヵ年計画（一九九六〜二〇〇三年）の中で河川・土砂対策目標設定において1時間雨量50㎜という値が明示されていることなどが注目されます。

【二〇〇二〜二〇〇五年】

二〇〇二年：「我が国は脆弱な国土条件を有している」、「（台風による）1時間100㎜超雨量のゲリラ的豪雨の頻発傾向が継続」。
二〇〇三年：二〇〇二年に同じ。
二〇〇四年：二〇〇二年に同じ。加えて、日本学術会議「森林の水源涵養機能について」の答申を掲載。
二〇〇五年：二〇〇二年に同じ。

以上、この間では、「我が国は脆弱な国土条件を有している」が継続して記述されるとともに、「1時間100㎜超雨量のゲリラ的豪雨」という現象が初めて取り上げられています。

災害に対して非常に脆弱な国土構造（条件）

○我が国においては、国土面積の約1割にすぎない洪水氾濫区域に、5割の人口、4分の3の資産が集中。ひとたび洪水が発生すれば、被害は深刻なものとなる。

○また、日本の河川は急勾配なため、大雨が降れば上流から下流へと一気に流れ大きな被害をもたらす。

○日本の都市の大部分は、洪水時の河川水より低いところにあり、洪水の被害を受けやすい。

○計画的な治水事業等により、死者数は減少してきているが、地下空間での被害など新たな被害形態が発生。また、被害額も減少していない。

○浸水面積は減ってきたが、都市化の進展により一般資産被害が増大。

○農地が減少し、急激な都市化により、新たな都市型水害の頻発の恐れ。

○1時間に100㎜を超す雨量を記録するようなゲリラ的豪雨の頻発傾向が継続。

○近年、年間降水量が減少傾向となっているとともに、少雨と多雨の開きが大きくなっており、渇水に対する安全性が低下。

○日本各地で地震活動の活発化の兆候も見られているところ。

右の項目については、二〇〇五年には「新たな都市型水害の頻発の恐れ」にかわって、「1時間に50㎜や100㎜を超す集中豪雨が増加傾向にある」、「毎年約1000件もの土砂災害が発生しており、依然として土砂災害は多発」などが加えられます。

森林の水源涵養機能について（日本学術会議答申、平成一三年一一月）

・大規模な洪水では、洪水がピークに達する前に流域が流出に関して飽和に近い状態になるので、このような場合、ピーク流量の低減効果は大きくは期待できない。

・森林は中小洪水においては洪水緩和機能を発揮するが、大洪水においては顕著な効果は期待できない。

・流況曲線上の渇水流量に近い流況では（すなわち、無降雨日が長く続くと）、地域や年降水量にもよるが、河川流量はかえって減少する場合がある。このようなことが起こるのは、森林の樹冠部の蒸発散作用により、森林自身がかなりの水を消費するからである。

・あくまで森林の存在を前提にした上で治水・利水計画は策定されており、森林とダムの両方の機能が相まってはじめて目標とする治水・利水安全度が確保されることになる。

【二〇〇六〜二〇〇九年】

二〇〇六年：「我が国は脆弱な国土条件を有している」に加え、「気候変動の影響等により集中豪雨等による被害が増加傾向にあり、今後さらに、水害・土砂災害が増加する恐れがある」が新たに記述される。また、同年六月には日本学術会議に「地球規模の自然災害の変化に対応した災害軽減のあり方」を諮問している。

二〇〇七年：「我が国は脆弱な国土条件を有している」、「気候変動の影響等により集中豪雨等による被害が増加傾向にあり、今後さらに、水害・土砂災害が増加する恐れがある」。

二〇〇八年：「我が国は脆弱な国土条件を有している」（表現が「河川行政を取り巻く我が国の状況」に変更）は同様ですが、その内容に「日本の河川は、最大流量と最小流量の差が大きい。そのため、瞬時に大洪水となり、瞬時に水が減少する」、「東海地震や東南海・南海地震などの海溝型巨大地震や、首都直下地震等の大都市を襲う直下型地震に備える必要」、「（我が国の森林率は高いが）森林の洪水緩和機能については、中小洪水に一定の効果を有するものの、治水計画の対象となるような大雨の際には、森林域からも降雨はほとんど流出する」が加えられている。

「地球温暖化に伴う災害リスクの増大に対応した防災・減災対策の強化」。二〇〇七年一一月のＩＰＣＣ（国連気候変動に関する政府間パネル）第四次評価報告書の公開を受け、社会資本整備審議会河川分科会の下に「気候変動に適応した治水対策検討委員会」を設置。その中で、「(水害・土砂災害高潮災害等）すべてを完全に防御することは困難」、「(水災害に関しては）河川のみで安全を確保することは不可能」等とし、「施設を超える外力」との文言が初めて登場している。

二〇〇九年:「地球温暖化に伴う災害リスクの増大に対応した防災・減災対策の強化」、「地球温暖化への対応――地球環境と共生する社会資本づくり」の両項目が初めて記述される。後者においては、「100年後の降水量の変化率は概ね1・1倍~1・3倍とし」「100年後の現計画の治水安全度は200分の1→190分の1~145分の1、150分の1→22分の1~100分の1、100分の1→25分の1~90分の1に低下すると見込まれる」とする「水災害分野における地球温暖化に伴う気候変化への適応策のあり方について」の答申（二〇〇八年六月）を掲載している。また、参考資料では「一、気候変化と災害リスクの増大」として、気候変化と災害リスクの増大を挙げ、大雨の頻発、熱帯低気圧の強度の増大、降水量の変化幅の増大等を列挙している。

以上、この時期は「気候変動」や「地球温暖化」という、より現在に近い概念が取り入れられ、さらに「地球温暖化に伴う災害リスクの増大」など、対応に踏み込んだ表現も現れました。その脈絡で、「施設を超える外力」という、これまでの水害・土砂災害防止のための施設整備の限界にまで言及するに至るなど、大きな転換を示す時期であったと思われます。

【二〇一〇~二〇一二年】

この時期はそれまでの自公政権から民主党政権に代わった時期に当たります。気候等に関する記述はほとんど姿を消し、「ダム計画の検証」等にほぼ終始しています。ただ、二〇一二年に、七月~九月に1000㎜超、1800㎜超の降雨と災害が発生したことが述べられています。

【二〇一三~二〇一五年】

二〇一三年:「1時間100㎜超雨量のゲリラ的豪雨の頻発傾向が継続」と対応する「ゲリラ豪雨1時間100㎜安心プラン」との文言、併せて「深層崩壊」が新たに登場。さらに、「平成二四年七月の九州豪雨について」として、「七月二日〜七日、同一一日~一四日、本州付近に停滞した梅雨前線に向かって東シナ海上から暖かく湿った空気が流れ込み、大気が不安定となり、発達した雨雲が線状に連なり次々と流れ込み猛烈な雨になった」旨の記述があり、「線状降水帯」という表現はないものの、まさにその現象を捉えている。

二〇一四年:「1時間100㎜超雨量のゲリラ的豪雨の頻発傾向が継続」と対応する「ゲリラ豪雨1時間100㎜安心プラン」。加えて「気候変動適応策の更なる推進　最近の多様な被害形態を有する災害や地球温暖化に関する新たな知見を踏まえ、今後取り組むべき対応策のあり方について検討」の記述。

二〇一五年:「1時間100㎜超雨量のゲリラ的豪雨の頻発傾向が継続」と対応する「ゲリラ豪雨1時間100㎜安心プラン」、「気候変動の影響等により集中豪雨等による被害が増加傾向にあり、今後さらに、水害・土砂災害が増加する恐れがある」。「新たなステージに対応した防災・減災のあり方」（二〇一五年一月二〇日）で、①雨の降り方が、1時間50㎜の豪雨が全国的に増加。かつ局地化・集中化・激甚化。②二〇一四年八月の広島豪雨を「バックビルディング現象による線状降水帯の豪雨」の記述。

以上、この期間は、3年間の「沈黙」を破るかのように気候変動と、それへの対策に関する記述が多岐にわたって展開されるようになっています。二〇一三年の九州豪雨に関する記述で初登場した現象は、二〇一五年には「バックビルディング現象」、「線状降水帯」として明記されるようになっています。このように、二〇〇六〜二〇〇九年の期間に踏み出された気候に関する認識の転換が、3年間の「休止」を挟んで本格化したと言えるでしょう。「国民の生命・財産を災害から守る」責任をもつ「水・土局」のこの「休止」が民主党等政権下で起こったことの背景、そして、それ以降に発生した災害との関係については、問われるべきではないでしょうか。

【二〇一六〜二〇二一年】

二〇一六年：「気候変動に伴い頻発・激甚化する水害・土砂災害や切迫する大規模地震」に加え、「水防災意識社会の再構築」（施設では防ぎきれない大洪水が発生することを前提として、社会全体で常にこれに備える）が二〇一五年一一月閣議決定。同年同月「国土交通省気候変動適応計画」そして、同年一二月の「大規模氾濫に対する減災のための治水対策のありかたについて〜社会意識の変革による『水防災意識社会』の再構築に向けて」の社会資本整備審議会答申。

二〇一七年：「気候変動に伴い頻発・激甚化する水害・土砂災害や切迫する大規模地震」、「水防災意識社会の再構築」。一一月の社会資本整備審議会会長答申「中小河川等における水防災意識社会の再構築のあり方」。

二〇一八年：「気候変動に伴い頻発・激甚化する水害・土砂災害や切迫する大規模地震」、「水防災意識社会の再構築」。『観光立国』の推進、地域活性化の実相〜水意識社会への展開から」中に「流域治水」——再度災害防止等の際、河道や遊水地等の河川整備に加えて、調整池等の流出抑制対策や霞堤の存置等の保水・遊水機能の保全、宅地嵩上げ等の減災対策を行う流域治水対策についてもあわせて検討し、都市部のみならず地方部においても流域治水を推進する——が初めて記述される。

二〇一九年：「水防災意識社会の再構築」。二〇一八年七月の社会資本整備審議会答申「豪雨災害等の大規模広域豪雨を踏まえた水災害対策のあり方について」。同年四月の気候変動を踏まえ、治水計画の前提となる外力の認定方法、治水計画の見直し方法等を検討する「気候変動を踏まえた治水計画に係る技術検討会」（の設置）。「流域治水」の文言は消えている。

二〇二〇年：「気候変動に伴い頻発・激甚化する水害・土砂災害や切迫する大規模地震」、「水防災意識社会の再構築」。近年の災害や気候変動を踏まえた対策の検討体制として、検討小委員会・検討委員会・検討・検討会議・検証チーム各1、技術検討会3、検討会3の計11の設置。うち一つの技術検討委員会で、気候変動による降雨量の増加等の外力の評価を検討対象に。

二〇二一年：「水防災意識社会の再構築」。参考資料中の「(参)気候変動のスピードに対応した『水災害対策が必要』」中で、「従来の計画や基準は過去の降雨実績や潮位に基づくものであったが、これからは気候変動による降雨量、潮位の上昇などを考慮したもの」に転換し河川整備の目標流量の見直しに言及している。全体としては「流域治水のオンパレード」とも言える記述内容となっている。

以上、この時期は、「水防災意識社会の再構築」、「流域治水」等に代表される気候変動に関する認識へと到達しています。後により詳細に述べますが、このような認識を迫る気候変動への対応において、「比較的発生頻度の高い降雨等を超える降雨」、「施設では防ぎきれない大洪水が発生することを前提として」、「気候変動を踏まえ、治水計画の前提となる外力の認定方法、治水計画の見直し方法等を検討」、「気候変動のスピードに対応した水災害対策が必要」といった記述が頻繁にみられることも注目されるところです。

まとめ

一九九七～二〇〇一年の段階では水害・土砂災害等の頻発、激甚化など災害状況が中心となっていました。ただ、「我が国は脆弱な国土条件を有している」とする中で、気候に関する「1時間100㎜超のゲリラ豪雨の頻発」、「年間降雨量の減少（渇水の恐れ）」、「少雨と多雨の開きの拡大」などが挙げられています。

二〇〇二～二〇〇五年も同様な内容ですが、台風による1時間100㎜超のゲリラ豪雨が特に取り上げられています。

二〇〇六～二〇〇九年にはようやく「気候変動」や「地球温暖化に伴う災害リスクの増大」という認識が明確に示されるようになり、「施設を超える外力」という、従来の防災施設の限界に触れるまでになっています。

民主党政権に代わった二〇一〇～二〇一二年は、七～八月の1時間1000㎜や1800㎜の豪雨のことが述べられていますが、全体としては「休止」の印象は避けがたく、この3年が以降の災害への備えに後れをもたらしたのではと懸念されます。

二〇一三～二〇一五年には「バックビルディング現象」や「線状降水帯」の発生が明らかにされ、気候変動を明確に意識する対策への展開が期待される時期となりました。

そして二〇一六年以降、気候変動に伴う外力の変化と施設の限界を認め、対応する「水防災意識社会の再構築」、「流域治水」へと対応を進化させる姿勢を示すに至っています。このように、近年急速に進行してきた気候変動は、水・土局をして、その気候に対する認識を進化・発展させることを迫ってきたものと言えるでしょう。

各時期の気候に関する認識について述べた部分では触れていませんが、二〇〇一年以降、その前年に発生した水害や土砂災害等についての記述があります。二〇〇四年までは各地の被害状況のみでしたが、二〇〇五年以降にはそれらに加え降雨量など災害時の気象と治水はじめ防災対策（河川改修、ダム、砂防堰堤等）の効果も加えられています。しかし、それら効果については、水・土局が「効果あり」とするものだけが取り上げられ、何故か、防災諸施設の不備やダムの限界・緊急放流、治水対策の不十分さ等による被害は取り上げられてはいません。

2　気候変動に対応する事業内容の変遷

二〇二一年度に至り、球磨川水系をはじめとする熊本県南部を襲った豪雨災害など、二〇二〇年七月豪雨災害を受け、「流域治水」

が大々的に喧伝されています。長きにわたって球磨川・川辺川の清流を守る運動に携わってきたものとしては、水・土局が提唱する「流域治水」なるものの内実・真意について、冷静な吟味が必要だと考えます。そのような意味から、以下、気候変動や各期間に発生した主に豪雨災害などに水・土局が河川・ダム・砂防を中心にどのような事業をもって対応してきたのかについて、整理・分析をしておきたいと思います。ただし、1節で用いた時期区分とは必ずしも一致させているものではありません。

各期間の気候に対応する事業内容

【一九九七〜二〇〇五年】

この時期には、「我が国は脆弱な国土条件を有している」との認識に対応して「(二一世紀を見据え)信頼感ある安全で安心して暮らせる国土づくり」といった表現が登場していますが、気候変動に直接関係する対策は出てきません。

一九九九年以前は、※フロンティア堤防、高規格堤防(スーパー堤防)など、都市型水害を意識した対策が目立っています。後者については「市街地整備と一体に、民間投資を誘発する形で」との条件がついています。

一方、渇水対策のためのダム整備が挙げられていますが、当時問題化していた徳山ダムや八ッ場ダム建設の必要性を正当化するためかとも想像されるところです。

その他では、河川等流域情報管理施設の整備、大規模災害等危機管理対策(全国から必要人員、必要資材等をただちに集結。応急対策に必要な他機関との適宜連携)、抜本的な再度災害防止対策(規模、緊急性、機能復旧又は改良復旧等、災害が再度発生することを防ぐために必要な対策)など、大規模災害対応・予防のための事業が挙げられています。

そして、「事業採択の考え方の明確化、事業箇所の統合、重点整備区間の設定による事業箇所の重点化、各事業における徹底的な見直し総点検の実施」など、「大型公共事業」への風当たりが強まっていることへの対応も見られます。そのこととも関連しますが、「水系・大支川等の単位で一括採択又は統合化し、重点的に整備する箇所を設定」など、後に「流域一体」とされる対策のあり方につながる表現も見られます。

※フロンティア堤防
川の水があふれる越水が起きた場合でも決壊による甚大な被害を抑えるため①堤防内に水が浸透しないよう表面を遮水シートなど浸透しにくい材料で覆う。②堤防内に浸透した水を排水しやすくする。③堤防斜面を緩くする、などが特長。一九九八年以降「水・土局予算概要」からは姿を消す。一九九〇年代、全国２５０㎞で整備を計画。二〇〇〇年には設計指針を全国の出先機関に通知したが二〇〇二年には廃止を通知。その理由は「条件が一様でない一連区間の堤防で越水に耐える機能を確保するための技術が完全に確立していないことから、本格的な実施には至っていない」というもの。結局9か所26㎞の設置にとどまった。

二〇〇〇年
「信頼感ある安全で安心して暮らせる国土づくり」、「民間投資を誘発する事業等」は引き継がれ、新たに、総合的な土砂災害対策の推進に関連する事業の創設が特記されています。一九九九年六月豪雨における広島県内で多数の土砂災害の発生を受けてのものと考えられます。同年発生した福岡市内での内水氾濫による地下街への浸水被害に関連する総合的な都市雨水排水対策も「生活関連社会資本整備」として取り上げられています。

他では、「安全な地域づくり」として、激甚災害地域緊急防災対策、災害弱者関連緊急土砂災害対策、災害情報伝達ネットワークの整備等が見られます。

新規では、まず、「氾濫流対策を取り込んだ災害復旧助成事業」です。この事業は、改良復旧（原状回復にとどめず必要な改良を加えるもの）を認め、河川の場合、被災流量を基に整備目標となる計画高水流量を定め、その流量に適した川幅・堤防高・河床高の河道を整備するもので、氾濫を許容し、被災実態に即した※計画高水流量の変更を認めているという二点が注目されます。

※計画高水流量と基本高水流量

計画高水流量は、基本高水流量からダムや調節池などによる洪水調整量を差し引いて、川を流れる流量のこと。基本高水流量は、流域に降った雨がそのまま川に流れ出た場合の流量のこと。

第二は、河川整備が進まない中山間地域等において宅地の嵩上げ及び輪中堤等の築堤を行う「※流域水防災対策事業費補助」です。この事業で注目されるところは、高規格堤防と同様に河道内にとどまらず、沿岸域の土地利用改変・改良にまで事業対象を広げ、さらに、既往の事業範囲を「流域」という、より広域化・総合化する方向性が示されたことです。

※流域水防災対策事業費補助

一九八五年、特定河岸地水害対策事業費補助として創設。山間狭隘地区において、河川工事と相まって宅地の盛土・家屋の嵩上げ等を実施するもの。その後、8回にわたって事業名・内容の若干の変化を経て、二〇〇一年には補助事業に国直轄の水防災対策特定河川事業が加えられ、二〇〇六年度には「土地利用一体型水防災事業」となる。その後、直轄事業から外され、補助事業のみとなる。

その他ダムに関する新規事業として、「ダム周辺の山林保全措置制度」があります。「山林保全」としていますが、内容的には対象範囲は狭く、ダム湖岸保護が主たる目標とされているようです。

二〇〇一年

最も注目すべきことは、流砂系の総合土砂管理による国土保全が新たに登場していることです。これについては、一九九八年七月の河川審議会総合政策委員会総合土砂管理小委員会報告「流砂系の総合的な土砂管理に向けて」に詳しいのですが、大変重要と考えますので、簡潔にその内容を記しておきます。

①中山間地最上流部での土石流の多発、多量の土砂流出と堆積が当該地域の人命・生活基盤に直接的な影響を及ぼし、その下流域では流出土砂の堆積、渓岸侵食、乱流を惹起させる。

②さらに土砂堆積は河床の上昇をもたらし、洪水、氾濫等の災害を発生させている。

③ダム建設によって土砂の移動が遮断され、ダム貯水池内への異常堆砂、ダム下流への土砂供給量の減少が生じると、ダム貯水池末端における堆砂の進行による景観の悪化、土砂流入による濁水の長期化及び濁水の放流による下流の生物への影響、下流河川高水敷（常に水が流れる低水路より一段高い部分の敷地。洪水時には水が流れる）への冠水頻度の減少及びそれに伴う高水敷の樹林化や大粒径河床材料によるアーマーコート化（小さな砂利が流され、河床が低下し、粗い礫に覆われた状態）等といった河川環境への障害をもたらしている。

④ダムによる遮断や砂利採取による河床の著しい低下は、河川の構造物が相対的に浮き上がる状態になり、構造物の安全性が低下し、補強・改築を検討する必要を生じさせている。

⑤海岸浸食の大きな要因の一つともなっている。

そして、これら諸問題に対応する「総合的な土砂管理の展開」の7割強が、ダムによる問題の解決に割かれています。砂防ダム整備、同スリット化。ダム・砂防ダム等に堆積した土砂の撤去。新たなダム計画において土砂を下流へ流すための土砂管理システムの確立。既設ダムの堆積土砂を排出するためのシステムの整備、既設利水ダムにおいて堆積土砂を排出するための施策。ダム下流の土砂移動を考慮したダム放流の検討が必要といった内容です。ダムに関わる堆砂や土砂の下流への供給遮断の解決がいかに困難なのかが伺われるところです。

「総合土砂管理」に関係の深い「荒廃山地地域等における総合的な環境保全対策」も新たに挙げられています。そこでは、治山事業を紹介し、その中で、農水省の実施する上流部における森林整備・流木防止対策と適切に組み合わせ、（水・土局は）下流部において流木を捕捉する透過型ダムの整備などを実施するとしており、森林へは踏み込まない姿勢です。

その他では、二〇〇〇年度で触れた水防災対策特定河川事業（土地利用一体型水防災事業）において、「一部区域の氾濫を許容した上で」の文言が加わっていること、事業採択後20年以上経過して継続中の事業で、当面事業の進捗が見込めないもの等について、与党三党基準、建設省独自基準によってダム事業を再評価することが新たに登場しています。

二〇〇二年

「改革断行予算」のもと、メリハリのある予算を前面に打ち出しています。新規事項として、既存ダム容量を河川の維持流量（舟運、漁業、観光、流水の清潔の保持、塩害の防止、河口の閉塞の防止、河川管理施設の保護、地下水位の維持、景観、動植物の生息地 又は生育地の状況、人と河川との豊かな触れ合いの確保等を総合的に考慮し、維持すべきであるとして定められた流量）確保のために活用することや、鉄道橋緊急対策事業（川幅の狭窄、橋脚による流下阻害等ボトルネック解消）を道路橋にも適用する拡充などが見られます。

二〇〇三年

「改革断行予算」のもと「メリハリのある予算」が強調されています。その一環として、事業の客観性・透明性を確保するため、費用対効果分析を含めた総合的な新規事業採択時評価・再評価等を行うとともに、箇所数の厳密な管理を行い、重点投資を実施することが記述されています。水辺都市再生事業については、従来の高規格堤防とまちづくりの一体的な整備などに河川と下水道等との連携による都市水害対策等を行う「災害に強い都市の構築」が新たに加えられています。

また「ハード・ソフト一体となった施策の推進」が初登場します。参考資料中ではありますが、「二〇〇二年　世界の洪水」という項でチェコの可搬式特殊堤防が紹介されています。

二〇〇四年

「改革断行予算」、「選択と集中」により各事業における予算の重点化は継続されています。さらに、成果重視への転換、一層の事業連携の強化、ハード・ソフト一体となった施策の推進等と続きます。

緊縮財政下、ダムへの風当たりを意識したものか、ダム事業改革の取り組みが挙げられ、事業マネジメントの徹底・透明性の確保、コスト縮減の徹底、環境への配慮、既存ダムの活用等が強調されています。関連して他の事業においても、事業の客観性・透明性の確保、国交省要領による新規事業採択時評価、再評価、事後評価に加え、評価結果公表を表明しています。

さて、一九九七年度来、配分方針には必ず「地域の実情や地方公共団体の要望等に即しつつ」のフレーズがつけられています。これは、一九九七年の「河川法改正」によるものであると同時に、国直轄管理区間のみの対策から、自治体管理区間にも対策の対象を広げることが求められている状況の反映とも言えます。

二〇〇五年

「選択と集中」等が強調されますが、河川事業については、再度災害防止・床上浸水解消等を図る防災施設整備。防災情報等ソフト対策確立・既存施設有効活用の本格化。地方の創意工夫をより活かす国庫補助負担金の改革。ソフト・ハード一体の豪雨災害緊急対策など、事業実施の柱が示されています。その中で注目されるのは、中小河川における短時間での洪水予測情報提供システム整備、水系全体の河川等の整備状況を調査・評価・公表するための三次元電子地図整備、中小河川の堤防の質的強化に対する補助制度創設等のように中小河川や水系（流域）を視野に入れた対策へのシフトが見られることです。

土砂災害対策では、危険区域・ハザードマップ作成調査が初めて挙げられます。そして、自治体向けに、流域単位を原則とし、水害・土砂災害対策の施設整備等や、災害関連情報の提供等のソフト対策に係わる補助を一括して行う総合流域防災事業が創設されています。

ダム関連では、事前放流による治水機能向上や自然環境回復等、既設ダムの機能を総合的に改善する直轄・補助両事業の創設など、ダムの新規建設ではなく「既存施設の改良」を前面に出す傾向が強まっているように思われます。

【二〇〇六〜二〇〇九年】

この時期には「気候変動の影響等により、今後さらに水害・土砂災害が増加する恐れ」というフレーズが登場しています。二〇〇四年には七月に2回の豪雨、一〇月には台風による豪雨、二〇〇五年九月にも台風による豪雨が日本を襲い、各地で一級河川、中小河川の氾濫・越水や堤防決壊、土石流・土砂災害が全国各所で発生しました。「今後さらに水害・土砂災害が増加する恐れ」とする所以です。また、国際機関による「降雨量の変化による治水安全度の低下」への警告や、国内の各種審議会、日本学術会議等による「気候変動に対応する治水対策」についての報告や答申等が集中した時期でもありました。直近の災害の態様に対応することが中心となっていた従前の対策の仕組みのあり方から、気候変動への対応という、将来見通しを包含した対応への転換が初めて迫られた時期であったとも言えるでしょう。

二〇〇六年

「気候変動の影響等により、今後さらに水害・土砂災害が増加する恐れ」というフレーズが初登場します。このような認識の下、ハード整備とソフト対策を組み合わせた水害・土砂災害対策、ダムなどの既存ストックの有効活用等対策の質的転換を打出しています。

具体的には、指定区間外の一級河川の流域において河川管理者が、地方公共団体等と協力して実施する排水施設機能の向上等の内水対策工事（ハード対策）と低地における土地利用規制策を含むソフト対策とを一体とした総合内水対策計画を策定・実施する総合内水対策緊急事業の創設。また、確実に減災効果を発現するための土地利用一体型水防災事業、既存遊水地等の運用最適化のための施設改良事業、ダム利水容量の事前放流に伴う損失補填制度など、多様な手法の導入。そして、各種ハザードマップの緊急的作成、防災情報の収集・伝達体制の確立などの地域の防災力再生支援等が挙げられています。

参考資料として、二〇〇五年一二月二六日付の「大規模降雨災害対策検討会による提言」の内容——①被害にあいにくい住まい方への転換：ピロティー化、止水壁の設置、止水板・土嚢等の常備への誘導等。②被害エリアの拡大を防止するための二線堤の整備、鉄道・道路等の活用、排水ポンプ車等の資機材の緊急的な調達・相互融通などの氾濫流制御——を掲載して、氾濫域対策にさらに踏み込んでいます。

二〇〇六年鹿児島県川内川における水害と鶴田ダムについて

七月二〇日の時点で洪水調節を開始。しかし上流部の降水量はダムが調節可能な量をはるかに超えており、ついに七月二二日の午後、ダムは洪水調節機能を喪失し、ただし書き操作による放流へと切り替えた。結果的には宮之城においてダムがない場合と比べて約1・2mの水位抑制、ピーク流量到達時間を約4時間遅らせることができたものの完全に水害を抑制することはできなかった。このため特に被害の大きかったさつま町宮之城地区の住民を中心に、ダムの治水能力に対する不安や不満が持ち上がった。

二〇〇七年

前年七月豪雨による広域的な一級水系での氾濫・堤防決壊、土砂災害多発という事態に対応してか、「流域一体となった水害・土砂災害対策の展開」が前面に出ています。

新しく、市町村による輪中堤や二線堤等の洪水氾濫拡大防止施設の整備を助成する洪水氾濫域減災対策事業の創設、砂防事業等による避難地・避難路、地域の防災拠点を保全するハード対策と土砂災害防止法に基づく警戒避難体制の整備等のソフト対策を一体で推進、流域単位を原則として、包括的に水害・土砂災害対策の施設整備や災害関連情報の提供等のソフト対策に助成する総合流域防災事業、都道府県が行う浸水想定区域の指定に係る調査及び市町村が行うハザードマップ作成に係る調査、堤防の質的強化対策への助成。地域防災力再生支援のソフト体制確立・水防団等の充実強化支援など、自治体・地域レベルの対策への助成制度の創設です。

その他では、ダムからの事前・緊急放流への備え、既存施設の徹底的な機能を確保する「洪水流下阻害部緊急解消事業」の創設、全国の河川の安全度について調査・評価・公表が挙げられています。

総じて「近年の集中豪雨の頻発や地球温暖化に伴う水害リスクの増大への対応も含め、地方公共団体等による流域対策と連携した河川整備を強力に推進する」方針となっています。

二〇〇八年

「地球温暖化に伴う災害リスクの増大に対応した防災・減災対策の強化が必要」と明記。加えて「土地利用を視野に入れた流域一体での対策を推進」の方針を打ち出しています。この方針に基づいて、人口・資産の集積地や拠点施設等を守る予防対策、近年甚大な被害が発生した地域では、原形復旧のみにとどめず、被害を最大限回避するための対策、ハード・ソフト両面の施策により（氾濫しても）被害を最小化する減災対策の推進が前面に出されています。その中で、「河道掘削に伴う発生残土の処理において盛土の方が運搬に比べ経済的に有利な場合に、盛土により必要な水防拠点づくりを実施」というかつてない活用法に触れています。

ダム事業については、事業マネジメントの徹底による工程・コスト管理の高度化、事業の透明性の確保、計画・設計・施工等あらゆる段階でのコスト縮減などの改革、既存ダムの有効活用の推進が継続して挙げられています。

参考資料には気候変動に関する重要な報告・答申が掲載されています。まず、ＩＰＣＣの「降水量の変化に伴い治水安全度・渇水に対する安全度が低下する」との報告（二〇〇七年一一月一七日）。これを受けた、社会資本整備審議会河川分科会気候変動に適応した治水対策検討小委員会「犠牲者ゼロに向けた取組みの強化」の検討結果（二〇〇七年一一月二九日）です。

①増大する外力に対して施設でどこまで対応するか明確化する。

②施設能力を超える外力に対して土地利用状況等に応じて守るべき安全度レベルを設定。

③被害の最小化を図るため浸水形態に応じた、土地利用の規制・見直しなど地域づくり等の適応策を講じる。具体的には、浸水常襲地域等において、新規宅地開発の抑制や災害危険区域の指定等の土地利用規制が的確に実施されるなど、まちづくりと連動した被害最小化策を推進するため、想定される浸水の頻度、範囲などの情報を関係行政機関に提供すると共に、必要に応じ対策実施の要請を行う。

次に、日本学術会議の国交省への答申「地球規模の自然災害の増大に対する安全・安心社会の構築について」（二〇〇七年六月）です。

①「短期的な経済効率重視の視点」から、「安全・安心な社会の構築」を最重要課題としたパラダイムの変換。

③長期的な視点での均衡ある国土構造の再構築が不可欠。人口・資産の分散によるリスク分散、将来の人口を踏まえて災害脆弱地域におけるリスクを考慮した、住民自らによる適正な居住地選択と土地利用の適正化。

⑤過疎地域での脆弱性の評価・認識。

⑥国・自治体の一元的な政策。

（②、④は省略）

このように、二〇〇八年は「気候変動」による災害への本格的な対応策の検討に踏み出す転換への年となっていると言えるでしょう。

二〇〇九年

二〇〇八年度の参考から格上げされ、流域で安全を確保する対策が積極的に展開されます。

気候変化への緊急対策として、総合内水緊急対策事業（直轄）、流域治水対策事業費補助を創設（地方公共団体）、洪水ネック部の治水安全度の向上、緊急的な浸水被害の解消等を推進、水位上昇の要因となっている河道掘削や横断工作物の改築を概ね5箇年で緊急的に実施、超過洪水に対応するための既設ダムの治水機能向上等が並びます。

また、社会資本整備審議会河川分科会提言「ユビキタス情報社会における次世代の河川管理のあり方」（二〇〇八年八月）で、「河川管理者中心に考えるのではなく、国民の目線からの『川とともに生きる社会』」を目標像とし、双方向コミュニケーションにより多様な主体の連携・協働を進め、それぞれの持つ情報や力を活かした河川管理を推進」との記述が注目されます。

【二〇一〇〜二〇一二年】（民主党政権時代）

二〇一〇年

「できるだけダムにたよらない治水」へ政策転換するとの考え方に基づき、事業実施中のダム事業を「検証対象」と「継続」に区分し、検証対象となるダム事業について、二〇〇九年一二月に立ち上げた「今後の治水対策のあり方に関する有識者会議」で個別ダムの検証を行うとしています。

表8－1　「ダムによらない治水対策」案の事業費及び工期　第9回球磨川治水対策協議会（2019年6月7日）

案	組合せ案①	組合せ案②	組合せ案③	組合せ案④	組合せ案⑤
	（A）引堤	（B）河道掘削等	（B）河道掘削等	（C）堤防嵩上	（D）遊水地（17箇所）
概算費用	約8,000億円	約6,000億円	約4,100億円	約2,800億円	約1兆2,000億円
概ねの工期	約200年	約170年	約150年	約96年	約110年
案	組合せ案⑥	組合せ案⑦	組合せ案⑧	組合せ案⑨	組合せ案⑩
	（D）遊水地（17箇所）	（E）ダム再開発	（E）ダム再開発	（F）放水路（ルート1）	（F）放水路（ルート4）
概算費用	約1兆円	約6,800億円	約4,500億円	約5,700億円	約8,200億円
概ねの工期	約120年	約100年	約85年	約45年	約45年

※第9回球磨川治水協議会（ダムによらない治水対策）
河川整備基本方針審議会（2006.04.13～2007.03.23　計11回）
ダムによらない治水を検討する場（2009.01.13～2015.02.03　計12回）

前年の七月中国・九州北部豪雨では、土石流、土砂災害、中小河川堤防決壊、ダムの緊急放流直前の事態も発生しています。その反映でしょうか、新たな対策として、調整池の整備等の流域対策と一体となった河川整備への重点化。効果的・経済的な輪中等の整備が可能となる場合等において、住宅移転に係る支援ができるよう措置。活力創出基盤整備、水の安全・安心基盤整備、市街地整備、地域住宅支援等を対象とする社会資本整備総合交付金による地方の自主性・自由度拡大に向けた財政措置も創設されています。

また、水・土局は「今後の治水対策のあり方に関する有識者会議」を発足させ、河川に全ての洪水を担わせるのではなく、流域全体で治水を分担することを提案しています。その中では、水田を内水対策として活用することについても触れています。ちなみに、新潟県では「田んぼダム」の取組みが二〇〇二年から実施されています。

二〇一一年

①事業継続としたダムについては、可能な限り計画的に事業を進めるために必要な予算を計上。

②二〇〇九年「中止」とされた川辺川ダムについては生活再建事業を継続するために必要な予算を計上。

③検証を継続する事業については、実施の各段階に新たに入らず、地元住民の生活設計等への支障に配慮した上で、必要最小限の予算を計上。ただし、八ッ場ダムについては、これまでと同様に生活再建事業を進めるために必要な予算を計上。

このようにダム事業に関することが中心課題とされています。

球磨川水系・川辺川ダムについては、「ダムによらない治水を検討する場・同幹事会」、「球磨川治水対策協議会、同局長・知事・市町村長会議」が二〇〇九年一月～二〇一九年一一月のおよそ12年間に28回開かれましたが、二〇一九年六月、荒唐無稽とも言える対策案が提示され、具体的検討・評価は最終的には行われないまま、二〇二〇年七月の大水害に至ったのです（表8―1参照）。

ダム事業の検証の流れ（洪水調節の例）

治水対策案の立案においては、ダム案とダム以外の案を立案する。各治水対策案は、河川を中心とした対策に加え流域を中心とした対策を含めて様々な方策を組み合わせて立案する。中間とりまとめでは、ダム、遊水地、雨水貯留・浸透施設、霞堤等26の方策を提示。

治水対策案をコスト、実現性、環境への影響等の評価軸ごとに評価→目的別の総合評価（洪水調節）→検証。対象ダムの総合的な評価→対応方針（案）等の決定→検討主体から本省への検討結果の報告→有識者会議意見→本省による対応方針の決定。中止の場合→河川整備計画等の変更手続。

二〇一二年

東日本大震災を受け「東海、東南海・南海地震等の大規模地震等への備えを全国で集中的に実施」がトップに。

河川事業については、前年七月の新潟・福島豪雨、九月の台風12号による豪雨による河川の氾濫、堤防の決壊、多数の土砂災害が発生しており、以下のような項目が挙げられています。

①激甚な災害を受けた河川については、効果の早期発現（概ね5年程度）を目指して、優先的に事業を実施すること。

②氾濫域に大都市を抱え、著しい被害を受けるおそれがある河川について、重点的に事業を推進。高規格堤防整備事業も人口が集中した区域で、堤防が決壊すると甚大な人的被害が発生する可能性が高い区間に絞る。

ダム事業については、全国的規模での事業再評価が打ち出されますが、評価者の多くは国交省関係者、「ダム代替案」も国交省が作ったものであり、公平・公正な評価がなされたかについては疑問を禁じ得ません。

【二〇一三〜二〇一五年】

この時期の特徴の一つは、民主党政権が掲げた「コンクリートから人へ」というキャッチフレーズのもと大幅に圧縮されていた「大型公共事業」が東日本大震災と自公政権復活を契機に「国土強靭化」という「大義名分」の下で息を吹き返しはじめたことでしょう。二つ目は大規模な災害をもたらす「線状降水帯」という長時間にわたって移動する豪雨への対応を迫られたことです。大規模な堤防の点検と強化や既存ダム機能の強化などに重きを置く施設による対応をすすめながらも、その限界を認め、「命を守る」ための避難重視に大きく転換する時期でもありました。

二〇一三年

前年の九州北部豪雨を踏まえた堤防の緊急点検結果において、堤防の浸透等に対する安全性が低いとされた２２００㎞（一級水系直轄管理区間１万３４００㎞から９２００㎞を抽出して点検）に対して、優先順位をつけて緊急的に堤防の補強対策等を実施することとされています。関連して「堤防決壊メカニズムと対策工法」について記述があり、併せて流下能力不足に対しては河道掘削や堤防嵩上による越水防止が強調されています。このように、「堤防」に重点を置いていますが、「耐越水堤防（フロンティア堤防）」に関する記述はありません。

ダムに関しては、特定構造物改築事業及び堰堤改良事業の拡充として長寿命化計画策定経費を新たに交付対象にしています。

主に都市市街地等を念頭に置いたゲリラ豪雨対策として流域貯留浸透事業の拡充を挙げています。

「深層崩壊」が初登場し、発生メカニズムや要因等多くの部分が未解明。深層崩壊等の発生を迅速に把握する大規模崩壊監視警戒システムの整備を推進するとともに、モデル地区を設定して、深層崩壊のハード（砂防堰堤等）・ソフト対策の検討を実施するとしています。

堤防決壊メカニズムと対策工法

◎浸透破壊―河川水の浸透を抑制、降雨による浸透水を速やかに排水、堤体内浸透水を速やかに排水

◎パイピング破壊―遮水壁により浸透を抑制

◎侵食・洗掘破壊―護岸により侵食・洗掘を防止

◎流下能力不足―河道掘削により越水を防止、堤防の嵩上げにより越水を防止（耐越水堤防関連記述はなし）

二〇一四年

①地震・津波や水害・土砂災害に対して、ハード・ソフト一体となった予防的対策、再度災害防止対策。

②国土強靭化に向けた防災・減災の取組みを推進。

③技術開発や長寿命化計画策定を通じたトータルコストの縮減を図る等の戦略的維持管理・更新を推進。

この3点を冒頭に挙げています。その内の「国土強靱化」は初めて登場しましたが、東日本大震災・津波被害の復旧・復興事業を機に民主党政権時代の「コンクリートから人へ」の反対語としても使われ始めたものです。

ダムに関しては八ッ場ダムの二〇一九年度完成を明記するとともに、コスト、工期、環境負荷を抑制しつつ、治水・利水機能の向上を図るダム再生推進などを挙げています（例：鶴田ダム再開発）。

頻発する局地的な大雨（ゲリラ豪雨）への対応として、「1時間100㎜安心プラン」が新しく登場しています。その内容は、河川・下水道事業が実施されている住宅地や市街地の浸水被害の軽減。貯留・調節施設、浸透桝、河川改修、校庭貯留等を住民・企業、市町村、河川管理者、下水道管理者が協働して実施するというものです。

この年が初めてではありませんが、ダムとその周辺地域の環境を活用し、地域と連携してダムの観光資源としての活用を図り、ダムの工事現場も活用して完成前から観光資源としての効用を発現させる等の「インフラツーリズム」の記述も見られます。「無駄な大型公共事業」の代表の一つとして批判の矢面に立たされたダム事業を守ろうとする対応と思われます。

特記的に「気候変動適応策のさらなる推進」として、大規模な洪水・高潮による被害や土砂災害及び内水被害を対象として、その被害を最小化させるために緊急的、総合的に取り組むべき対策について、省を挙げて検討することが表明されています。

二〇一五年

前年八月のバックビルディング現象による線状降水帯の豪雨によって広島市では多数の土石流やがけ崩れが発生したことから、「気候変動に伴い頻発・激甚化する水害・土砂災害や切迫する大規模地震」などが強調されています。その一方、「水災害分野における気候変動適応策」（増大する外力の取扱い等を調査、検討するとともに、手引き等を作成）の推進のための行政経費はわずかに1000万円という記述も見られます。

河川事業については、堆積土砂の掘削に関するコスト縮減と撤去土砂の有効活用として、「民間事業者等による砂利採取、有効活用を促進」や新技術の積極的な導入として、「ビッグデータを活用、全国の雨量観測網の高度化、無人航空機・有人航空機による河川整備・管理に必要な調査の効率化」も新たに見られます。

二〇一五年一月二〇日、上記の広島土砂災害に対応して公表された「新たなステージ（雨の降り方が局地化・集中化・激甚化している状況）に対応した防災・減災のあり方」（社会全体で対応するための今後の方向性についてのとりまとめ）はこの年で最も重要なものですので、以下に要旨を紹介しておきます。

最大クラスの大雨等に対して施設で守りきるのは、財政的にも、社会環境・自然環境の面からも現実的ではない。

「比較的発生頻度の高い降雨等」に対しては、施設によって防御することを基本とするが、それを超える降雨等に対しては、ある程度の被害が発生しても、「少なくとも命を守り、社会経済に対して壊滅的な被害が発生しない」ことを目標にし、危機感を共有して社会全体で対応することが必要である。

そして、「命を守る」ための対策として、「行動指南型」の避難勧告に加え、「状況情報」の提供による主体的避難の促進、広域避難体制の整備（ハザードマップ、タイムライン等）等を挙げ、「社会経済の壊滅的な被害を回避する」ための対策としては、最悪の事態を想定・共有し、国、地方公共団体、公益事業者、企業等が主体的かつ、連携して対応する体制の整備を挙げています。後者については、甚だ具体性に欠けるものとなっています。しかし、ここに示された「検討の方向性」は、気候変動への認識に基づき、水・土局の水災害・土砂災害対策体系の大転換の兆しとして期待されるものではないでしょうか。

【二〇一六〜二〇二一年】

この時期は、「水防災意識社会の再構築」にはじまり、結果として「流域治水」に集約される諸対策が網羅されていく過程と言えるでしょう。また、諸施設で流量を調整し、堤防の強化と河道断面の確保によって洪水の越水・氾濫を防ぐという従前の治水対策を踏襲しながらも、越水・氾濫を許容し、その被害を最小限に抑える対策を加えた体系へと本格的に転換した時期でもあります。それに伴い土地利用規制・誘導、居住地移転など都市計画・地域づくりなど他の部局や自治体との連繫を要する対策へと幅を広げています。しかし、ダムに対する「執着」とも思える姿勢の変化はほとんど見られません。ダムの新設についての記述は表に出さず、もっぱら「既存ダムの再生」による洪水調整機能強化（長寿命化）が論じられています。

二〇一六年

前年九月の関東・東北豪雨により鬼怒川の堤防が決壊し広範囲にわたる浸水被害が発生しています。鬼怒川は首都東京を流域に含む日本三大河川の一つ利根川の主要な支流の一つでもあります。それ故にこの水害は重く受け止められたことでしょう。

河川事業の治水対策では、施設では防ぎきれない大洪水が発生することを前提として、社会全体で常にこれに備える「水防災意識社会」を再構築すると「宣言」されています。

そのため、緊急的・集中的に堤防の嵩上げ等を実施し、再度災害の防止を図るハード対策、全ての直轄河川とその沿川市町村（１０９水系、７３０市町村）において、二〇二〇年度を目途に水防災意識社会を再構築する取組みを行うソフト対策を一体的・計画的に実施するとしています。

つづいて、〈危機管理型ハード対策〉では、越水等が発生した場合でも決壊までの時間を少しでも引き延ばすよう堤防構造を工夫。〈洪水を安全に流すためのハード対策〉に優先的に整備が必要な区間において、堤防の嵩上げや浸透対策などを実施。〈住民目線のソフト対策〉では、住民等の行動につながるリスク情報の周知、事前の行動計画作成、訓練の促進、避難行動のきっかけとなる情報をリアルタイムで提供（タイムライン）。〈情報ソフトインフラの充実による防災・減災対策〉で家屋倒壊危険区域を浸水想定区域図に表示するなど、避難やまちづくり等に資するリスク情報をきめ細かく提示。このように諸対策が具体的に示されています。

参考資料中ですが、鬼怒川の堤防決壊を大きく取り上げ、緊急対策プロジェクトとして、直轄区間、支川で嵩上げ・拡幅等の堤防整備、河道掘削（整備計画では従来の河床まではなく、平均低水位までの掘り下げ、河道拡幅）などが提示されています。

関連して、二〇一五年八月二八日の「水災害分野における気候変動適応策のあり方」の社会資本整備審議会答申。それを受けた同年一二月の「気候変動の影響への適応計画」の閣議決定と国交省の「国土交通省気候変動適応計画」とりまとめなどが続きます。国交省の計画では、「施設では守りきれない事態を想定」、「施設の能力を上回る外力に対し」と標榜しながらも、「できるだけ手戻りなく施設の追加対策を講じる」、「施設の能力を上回る外力に対しても減災効果を発揮できるよう工夫」、「施設により災害の発生を防止」など施設による防止・軽減へのこだわりが見られます。そして、二〇一五年一二月には、社会資本整備審議会会長から「大規模氾濫に対する減災のための治水対策のあり方について～社会意識の変革による『水防災意識社会』の再構築に向けて～」が答申されています。気候変動に伴う「施設の能力を上回る外力に対する対応のあり方」が頻繁に議論される時代を迎えたのです。

ダム事業では、ダム再生事業について嵩上げ、トンネル洪水吐の新設、堤体削孔等による洪水吐の増設、既設ダムの利水容量の有効活用、恒久的な堆砂対策等詳細に記述されています。

その他、先述の「総合的土砂管理」に類する「流域マネジメント」に関しての記述が見られます。その内容は、流域水循環計画で示される方針のもと、森林、河川、農地、下水道、環境等の様々な分野の施策について関係者が相互に協力し、施策を実施するとしていますが、具体的な事業費等の裏付けについては不明です。

二〇一七年

河川事業の治水対策では「流下能力の不足によりダムからの放流の制約となっている区間の河川改修を推進」という記述がみられ、緊急放流等による下流での水害（「ダム災害」）が想起されます。

ダム事業については、ダム再生の候補箇所の全国的調査を新たに実施すること。新規に「ダム再生ビジョン」の策定と「容量再編・治水専用化」等が挙げられています。関連して、ダム再生～地域経済を支える利水・治水能力の早期向上～として、既設ダムの堤体嵩上げ、放流施設増設、洪水調節容量・利水容量の相互活用、洪水中に下流の流量をさらに低減する操作等「ダムの洪水調整機能向上についての記述も見られます。

参考資料では二〇一六年の北海道豪雨災害を受け、〈ハード対策〉として、堤防整備（輪中堤・連続堤を含む）、河道掘削、護岸整備。〈ソフト対策〉として、水位周知河川の指定や水害リスク情報の周知、輪中堤の整備と併せて土地利用に一定の規制をかけることにより、効率的に治水対策を実施などが挙げられています。

最後に、二〇一七年一月一一日の社会資本整備審議会会長答申「中小河川等における水防災意識社会の再構築のあり方」の実施すべき重点化・効率化による治水対策として、①人口・資産が点在する地域等での流域における流出抑制対策（防災調整池、校庭貯留、ため池やクリークの治水利用、水田貯留、浸透桝・浸透管、建物内の雨水貯留施設、住宅等の各戸貯留、透水性舗装、一定規模以上の開発行為に対する雨水貯留・浸透施設の設置義務付け等、自然地保全）の地方部での推進。②上下流バランスを考慮した本川上流や支川における洪水調節機能（ダムの洪水調節機能）の向上等による下流への負荷軽減等を挙げています。特に①については「ダムによらない」対策を考える上で重要ではないでしょうか。

土地利用・住まい方の工夫

災害危険区域の指定、立地適正化計画の見直し（居住誘導区域への災害リスクの考慮）、二線堤等整備や保全、高台整備、宅地嵩上げ、住宅高床化・ピロティー化、電気設備の嵩上げ、止水板の設置等。

「立地適正化計画」：持続可能なまちづくりに向け、居住機能や医療・福祉・商業、公共交通等のさまざまな都市機能を誘導するもの。

「居住誘導区域」：人口密度を維持することにより、生活サービスやコミュニティが持続的に確保されるように居住を誘導する区域。

二〇一八年

前年八月の九州北部豪雨では、福岡県、大分県を中心に大規模な土砂災害が発生。死者40人、行方不明2人。１６００棟を超える家屋の全半壊や床上浸水。河川の氾濫・大量の流木、各地で表層崩壊、大規模土砂崩れ・土砂ダムによる川の堰き止めなどが発生しています。

方針の冒頭で、「全国の中小河川の緊急点検の結果に基づく対策（対象箇所約４００河川において交付金による支援等を実施等）を重点的に推進」と中小河川を主たる対象とすることが、新たに宣言されています。

河川事業の治水対策については調節池整備、堤防整備、河道掘削の実施、流下能力の不足によりダムからの放流の制約となっている区間の河川改修。河川・下水道の整備を推進する。調整池等による雨水貯留、浸透ます等による雨水の流出抑制等を組み合わせ、流域一体となった浸水対策を推進などが引き続き記述されています。そして、約３００㎞で河川の掘削や堤防等を整備、約５８００箇所で低コストの水位計を設置などが新たに加えられています。

さらに注目すべき点は、二〇〇二年に「廃止」とされたフロンティア堤防（耐越水堤防）の名称こそ使っていませんが、「危機管理型ハード対策の推進」の中で、「決壊までの時間を少しでも引き延ばすよう、堤防天端の保護、堤防裏法尻の補強等を実施」の文言が初見されることです。

砂防事業では、約７００渓流で透過型砂防堰堤等を整備することや遊砂地等にも言及しています。さらに、二〇一七年九月の水害・土砂災害等を受けての《九州北部緊急治水対策プロジェクト》で土砂・流木を防止・捕捉する砂防堰堤等の貯留施設の整備、洪水・土砂を下流まで円滑に流す河道の改修・河道形状の工夫等が列挙されています。

その他では、「観光立国の推進、地域活性化の実現～水意識社会への展開～」と題する記述の中に「流域治水の推進」が初登場しています。内容は、再度災害防止等の際、河道や遊水地等の河川整備に加えて、調整池等の流出抑制対策や霞堤の存置等の保水・遊水機能の保全、宅地かさ上げ等の減災対策を行う流域治水対策についてもあわせて検討し、都市部のみならず地方部においても流域治水を推進するというものです。

「河川・ダム管理における民間事業者との協働」に河道内樹木の計画的伐採や流木の利活用を推進するため二〇一八年度内にＰＰＰ業（事業を官民協力で行う体制）による樹木伐採等を試行という記述

も見られます。

「高規格堤防の見直しに関する検討会」が二〇一七年一二月に、「民間事業者等との連携を強化し多面的な効果が発揮される高規格堤防の効率的な整備を推進」との提言をとりまとめています。

二〇一九年

二〇一八年七月の西日本豪雨では、各地で河川の氾濫、浸水被害、土砂災害等が発生。肱川上流の野村ダム、鹿野川ダム緊急放流で8人の方が犠牲になりました。

冒頭に、これらを含む近年の災害を受けて実施した重要インフラの緊急点検等を踏まえた防災・減災、国土強靱化のための3ヵ年緊急対策を重点的に推進することを挙げています。

河川事業の治水対策では二〇一八年度に挙げた事業に「樹木伐採」が加えられており、倉敷市真備町の小田川水害を想起させます。ダム下流部での河川改修でも肱川の野村・鹿野川両ダム災害が思い浮かぶところです。

新規事項の治水事業等として、他事業と連携した対策、抜本的対策（大規模事業）について、地方公共団体の取組を支援する個別補助事業の創設、河川・下水道・市町村の一体的かつきめ細かな浸水対策の強化、浸水対策重点地域緊急事業（中小河川の氾濫により浸水被害が発生し、地域社会に深刻な影響を及ぼした場合に、都道府県等の独自事業とあわせて対策を実施することにより、改修効果がきわめて高い事業計画に対し、※防災・安全交付金で集中的に支援することで浸水被害の防止等を図る）の創設等地方自治体による対策実施補助・支援策が列挙されています。

※防災・安全交付金

地域の防災・減災、安全を実現する「整備計画」に基づく地方主体の次の取組みについて、基幹的な社会資本整備事業のほか、関連する社会資本整備や効果促進事業を総合的・一体的に支援するもの。「地域における総合的な生活空間の安全確保の取組み」の基幹事業に道路、港湾、治水、下水道、海岸、都市公園、市街地、住宅、住環境整備等や公営賃貸住宅整備が列挙されている。

地方自治体が地方単独事業として実施する防災インフラの整備事業について、新たな地方債の創設も挙げられています。

参考資料では、水災害分野における気候変動適応策の具体化に向け、二〇一八年四月「気候変動を踏まえた治水計画に係る技術検討会」で、気候変動を踏まえ、治水計画の前提となる外力の設定手法、治水計画の見直し方法等を検討したことが述べられています。

二〇二〇年

前年八月の九州北部豪雨では土砂災害、中小河川の氾濫などが発生しており、九月の台風19号による大雨・暴風によって、多摩川や千曲川、阿武隈川など一級河川を含む71の河川で堤防が決壊するなどの被害が発生しています。

事業分類が変更され河川・ダムの区分が不明になっています。方針全般は二〇一九年度とほぼ同じですが、①気候変動による豪雨の頻発化・激甚化を見据え、土地利用規制等も含めたソフト対策と連携する「事前防災対策」の加速化。②自然災害に対する改良復旧による再度災害防止。③住民主体の避難行動ための情報提供の充実、の三点が付け加えられています。

①に関しては、新たに、JR線橋梁の架替や河道掘削を集中的に実施して河道の断面積を確保することや、下流に狭窄部があり、河川改修によって更なるダムの洪水調節効果を向上させ、遊砂地等を整備するなどの具体的内容が付されています。

②に関しても、一定災（施設被害が対象区間の8割以上の広範にわたって激甚な場合に、一定計画に基づき、全額災害復旧事業費により復旧）を活用し、越水させない原形復旧（上下流の河川改修計画と整合の図れる範囲で、堤防を嵩上げ）とすることとしています。

何よりも注目されるのは新規事項の多さです。以下列挙します。

まずダム事業関係についてです。

▽利水ダムの事前放流に伴う補填制度、同放流設備等改造に対する補助制度の創設。

▽豪雨に伴うダムへの堆砂について、災害復旧制度で実施できる堆砂除去の対象範囲を、事前放流に必要な容量まで拡充。

▽砂防堰堤の新設もしくは嵩上げと一体的な計画に基づき、既設砂防堰堤背面を掘削し、土砂・流木を捕捉するために必要な空間を確保。

ダム・堰堤等の貯留容量確保と事前放流による洪水調整機能維持改善のための措置が中心となっています。

その他では、

▽都市局と連携し、現行の防災集団移転促進事業（非公共、都市局所管）の戸数要件（現行10戸以上）を、「治水事業が及んでいない場合等は5戸以上」に緩和するなど、制度を拡充。

▽洪水浸水想定区域内において、浸水被害軽減地区に指定した土地に係る固定資産税及び都市計画税の特例措置を創設。

▽地方団体が単独事業として緊急的に河川等の浚渫を実施できるよう、新たに「緊急浚渫推進事業費（仮称）」を地方財政計画に計上するとともに、緊急的な河川等の浚渫経費について地方債の発行を可能とするための特例措置を創設。土砂等の除去・処分、樹木伐採等が対象とされ、市町村が管理する準用河川、河川のほか、治水ダム・砂防堰堤・治山施設に係る土砂等の掘削・除去も対象となっています。

その他で目新しいものは、「既に気候変動の影響は顕在化」しており、「現況施設能力を上回る外力に対する減災対策」として、堤防決壊までの時間を引き延ばす危機管理型ハード対策や樋門・樋管等のフラップゲート化などの大規模氾濫時の早期排水対策を実施すること、新たな堤防強化対策を検討することなどが挙げられています。また、参考資料中で、都市局、水・土局、住宅局による「水災害対策とまちづくりの連携のあり方検討会」がおこなわれたことが記されています。

二〇二一年

二〇二〇年には、七月三〜三一日という長期にわたる、線状降水帯によるものも含めた豪雨によって、九州から東北に至る広い範囲で大きな災害が発生しました。各地の一級水系全域で氾濫、堤防の決壊、越流、内水氾濫の発生、土石流、土砂崩れ等の土砂災害も多数にのぼっています。球磨川水系の大水害は空前のものでした。

一月段階の予算概要ですが、二〇一八年度に初めて登場した「流域治水」が位置づけを変えて再登場しています。その考え方に基づいて、堤防整備、ダム建設・再生などの対策をより一層加速するとともに、集水域から氾濫域にわたる流域に関わる関係者全員で水災害対策を推進するとしています。その内容は以下のように実に多様・広範囲にわたるものです。

■氾濫をできるだけ防ぐ・減らすための対策
・河川堤防や遊水地等の整備
・治水ダムの建設・再生
・雨水貯留浸透・排水施設の整備
・砂防関係施設の整備
・海岸保全施設の整備
・利水ダム等の事前放流、その判断に資する雨量予測の高度化。ダム建設・再生
・水田の貯留機能の向上
・森林整備、治山対策
・民間企業等による雨水貯留浸透施設の整備
・未活用の国有地を活用した遊水地・雨水貯留浸透施設等の整備
・堤防整備、「粘り強い堤防」を目指した堤防強化
・内水氾濫対策、都市浸水対策の強化

■被害対象を減少させるための対策
・高台まちづくりの推進（線的・面的につながった高台・建物群の創出）
・リスクが高い区域における立地抑制・移転誘導、住まいの工夫など
・二線堤の整備や自然堤防の保全

■被害の軽減、早期復旧・復興のための対策
・土地等の購入に当たっての水災害リスク情報の提供、避難体制等の強化
・洪水・高潮予測の高度化
・ハザードマップやマイ・タイムライン等の策定
・学校及びスポーツ施設の浸水対策による避難所機能の維持
・要配慮者利用施設の浸水対策（医療機関、社会福祉施設等）

■経済被害の軽減
・渡河部の橋梁や河川に隣接する道路構造物の流失防止対策
・地下駅等の浸水対策、鉄道橋梁の流出等、防止対策関係者と連携した早期復旧・復興の体制強化
・被災自治体に対する支援の充実（権限代行の対象を拡大し、準用河川、災害で堆積した土砂の撤去を追加）

等です。そのうちの「ダム再生」に関しては、河川管理者が主体的に（原則、利水ダム管理者の費用負担なし）利水ダムの施設改良等を行う制度を創設するとしています。

さらに、特定都市河川浸水被害対策法等の改正（流域治水関連法案）を検討中としています（その後、同年二月二日に閣議決定）。

その他にも、気候変動のスピードに対応した「水災害対策」が必要として二つの対応を挙げていますので、以下に示します。

（対応一）
・「流域治水」の考え方に基づき、堤防整備、ダム建設・再生などの対策をより一層加速するとともに、集水域から氾濫域にわたる流域に関わる全員で水災害対策を推進。
・全国の一級水系でも、流域全体で早急に実施すべき対策の全体像「流域治水プロジェクト」を示す。

そして、流域治水プロジェクトのとりまとめイメージとして、河川管理者に加え、都道府県、市町村等の関係者が一堂に会する協議

会を全国109の一級水系において、計118協議会を立ち上げることとしています。7・4球磨川水系豪雨災害後に立ち上げられた球磨川流域治水協議会はその一つなのでしょうか。

（対応二）

計画や基準等を「過去の降雨実績や潮位に基づくもの」から、「気候変動による降雨量の増加、潮位の上昇などを考慮したもの」へとしていますが、そのような考え方に基づく河川整備基本方針のあり方についての言及はありません。

「流域治水」という新造語が前面に出され、あたかも「画期的な新しい取組み」であるかのような印象を与えますが、そこに列挙された「対策メニュー」は、これまで述べてきた水・土局事業のオンパレードであっても、これまでになかった革新的・創造的対策は残念ながら見出せません。強いて評価するとすれば、それらの諸対策を、河川管理者に加え、都道府県、市町村等の関係者協議によって流域単位で総合的に実施しようとする点と、水・土局の枠にとどまらず、都市計画・地域づくり・土地利用・地方行財政制度など関係する他分野との「協働」を視野に入れている点でしょう。

治水事業関係予算の推移

さて、各年度にどのような事業が実際に実施され

表8－2　水・土局治水事業関係予算の推移 1997 年度～ 2021 年度　（同局予算概要より作成）　単位：億円

項目＼年度	1997	1998	1999	2000	2001	2002	2003	2004	2005	2006	2007	2008	2009
河川事業	11,214	10,289	10,934	14,196	13,910	12,282	8,831	9,741	8,500	8,366	9,564	10,265	9,850
	48.3	49.4	50.7	44.3	53.4	48.8	50.1	37.9	44.2	39.3	44.5	48.0	44.7
ダム事業	6,302	4,813	4,833	7,168	5,971	5,219	4,354	4,415	4,337	4,641	4,050	3,806	3,718
	27.1	23.1	22.4	22.4	22.9	20.7	24.7	17.2	22.6	21.8	18.8	17.8	16.9
河川・ダム区分	—	—	—	—	—	—	—	—	—	1,045	1,333	1,307	3,200
不明	—	—	—	—	—	—	—	—	—	4.9	6.2	6.1	14.5
砂防事業	3,896	3,523	3,596	4,399	4,184	3,903	2,980	3,082	2,499	2,442	2,381	2,243	2,600
	16.8	16.9	16.7	13.7	16.1	15.5	16.9	12.0	13.0	11.5	11.1	10.5	11.8
海岸事業	682	613	600	769	713	567	456	486	458	440	515	416	513
	2.9	2.9	2.8	2.4	2.7	2.3	2.6	1.9	2.4	2.0	2.4	1.9	2.3
急傾斜地等事業	952	952	988	1,166	1,081	1,030	842	810	464	438	426	384	412
	4.1	4.6	4.6	3.6	4.1	4.1	4.8	3.2	2.4	2.1	2.0	1.8	1.9
災害復旧関係	168	630	602	4,365	208	2,182	162	7,180	2,954	2,866	1,980	1,830	64
事業	0.7	3.0	2.8	13.6	0.8	8.7	0.9	27.9	15.4	13.5	9.2	8.6	0.3
総合流域防災	—	—	—	—	—	—	—	—	—	1,367	1,260	1,134	1,700
事業	—	—	—	—	—	—	—	—	—	6.4	5.9	5.3	7.7
合計（下水を除く）	23,214	20,820	21,554	32,064	26,068	25,185	17,625	25,715	19,211	21,604	21,510	21,385	22,057

項目＼年度	2010	2011	2012	2013	2014	2015	2016	2017	2018	2019	2020	2021
河川事業	4,304	4,287	8,009	5,725	4,964	4,974	5,108	4,703	5,247	7,898	10,025	4,640
	48.1	28.6	57.4	47.9	44.8	42.0	41.8	46.2	47.6	52.7	51.1	47.8
ダム事業	2,865	2,722	2,263	2,235	2,243	2,443	2,666	2,686	2,887	2,999	3,286	2,996
	32.0	18.1	16.2	18.7	20.2	20.6	21.8	26.4	26.2	20.0	16.8	30.8
河川・ダム区分	—	—	—	—	—	—	—	—	—	—	—	—
不明	—	—	—	—	—	—	—	—	—	—	—	—
砂防事業	1,090	1,622	1,438	1,177	1,088	1,121	1,138	1,158	1,268	2,222	844	1,414
	12.2	10.8	10.3	9.8	9.8	9.5	9.3	11.4	11.5	14.8	4.3	14.6
海岸事業	122	148	172	131	114	470	150	145	161	230	256	163
	1.4	1.0	1.2	1.1	1.0	4.0	1.2	1.4	1.5	1.5	1.3	1.7
急傾斜地等事業	—	—	—	—	—	—	—	—	—	—	—	—
	—	—	—	—	—	—	—	—	—	—	—	—
災害復旧関係事業	571	6,221	2,082	2,696	2,681	2,830	3,164	1,486	1,460	1,632	5,203	502
	6.4	41.5	14.9	22.5	24.2	23.9	25.9	14.6	13.2	10.9	26.5	5.2
総合流域防災事業	—	—	—	—	—	—	—	—	—	—	—	—
	—	—	—	—	—	—	—	—	—	—	—	—
合計（下水を除く）	8,953	15,000	13,963	11,963	11,090	11,838	12,226	10,177	11,023	14,982	19,615	9,715

「河川」には河川事業、都市河川事業、緊急河川災害復旧等関連緊急事業等を含む。2000 ～ 2002 年度、2004 ～ 2020 年度は補正予算を含む。各行の上段は億円単位の実数。下段は各年度の事業別比率（％）を示す。

図８－１　国交省河川局（水管理・国土保全局）関係予算配分の推移（主に治水等事業）　単位：億円

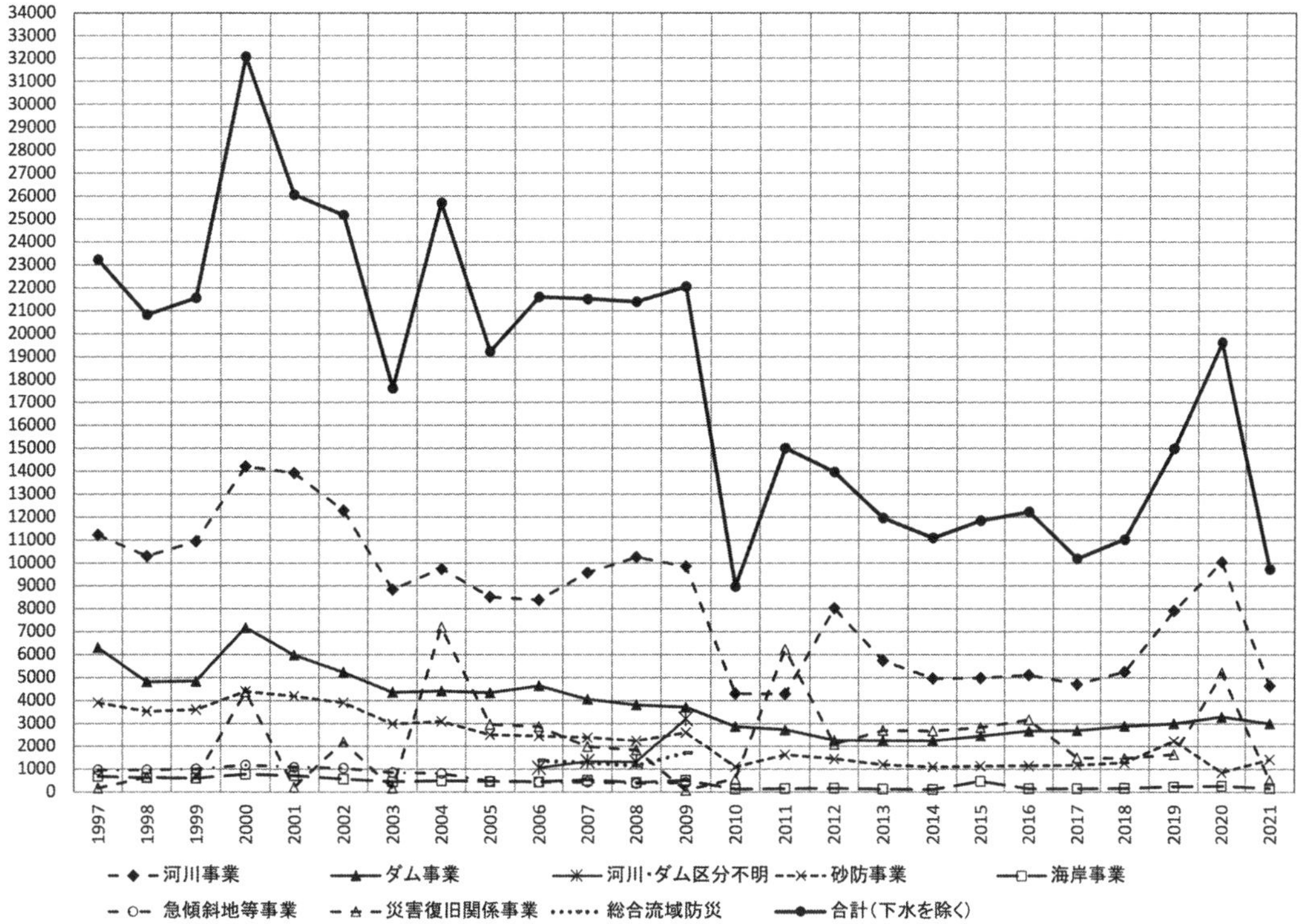

図８－２　国交省河川局（水管理・国土保全局）関係予算配分比率の推移（主に治水事業）

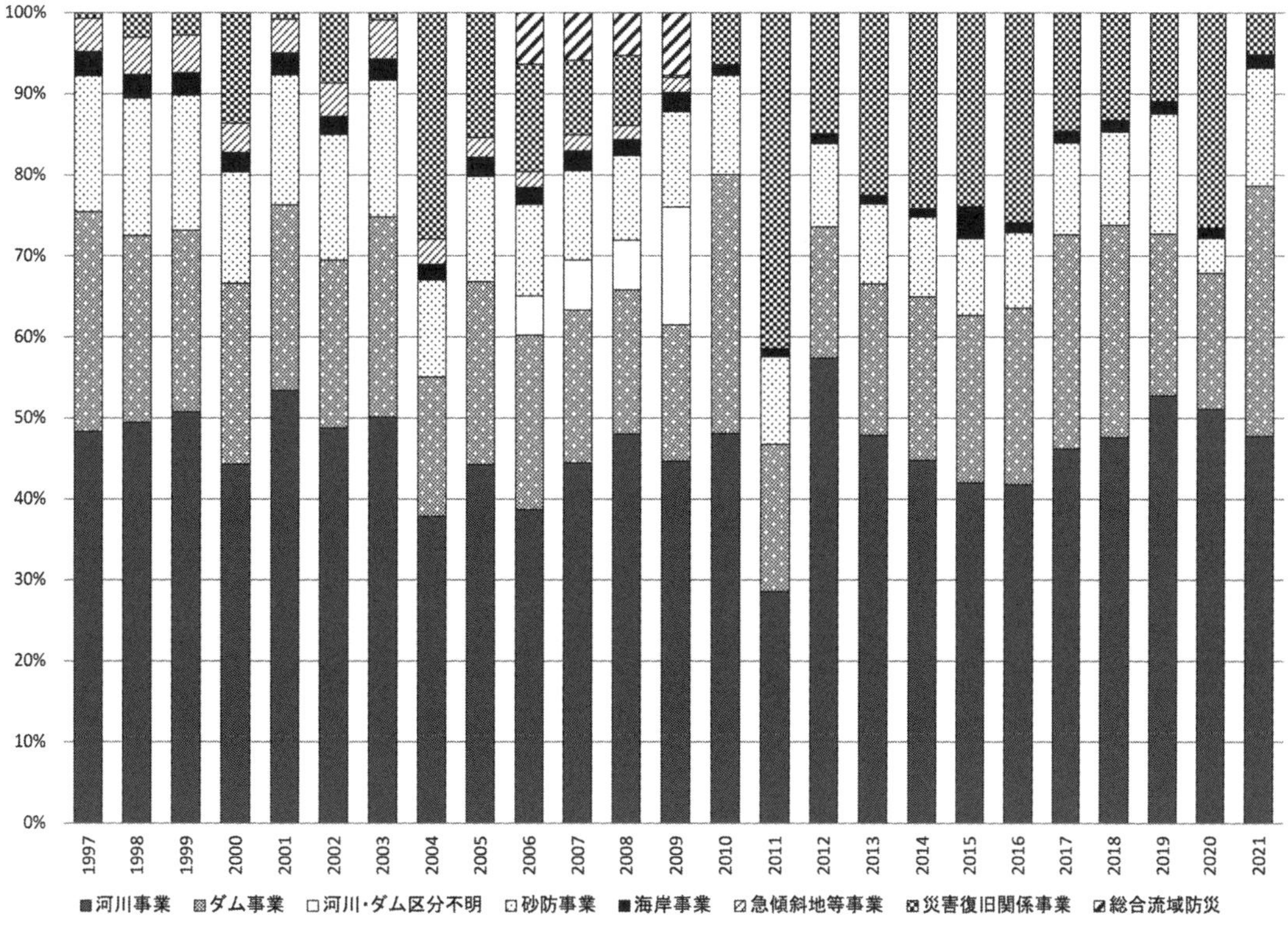

てきたのでしょうか。予算の面から述べていきます。まず、**表8-2**、**図8-1**、**8-2**で用いている言葉について説明しておきます。

河川：国直轄・地域・都市各河川などの改修、災害復旧事業。

ダム：国直轄・補助・水資源機構（旧水資源開発公団）各ダムの新設、改良等。

砂防：国直轄・補助の砂防事業、地滑り対策事業、補助事業の火山砂防事業等。

海岸：国直轄の海岸維持管理、保全施設整備の事業。高潮対策、侵食対策、津波・高潮危機管理対策等の事業。

急傾斜地：急傾斜地崩壊防止施設の設置その他急傾斜地の崩壊を防止する事業。

災害復旧関係：国直轄災害復旧事業。補助災害復旧事業（災害復旧、災害関連事業等）。

河川・ダム区分不明：二〇〇六年から二〇〇九年度にわたって河川事業とダム事業との区分が不明な部分が存在。

総合流域防災事業：二〇〇六～二〇〇九年度のみ設置された費目。主に河川事業だが一部砂防事業が含まれる。

以下、**表8-2**に一九九七～二〇二一年度の億単位の予算額実数・事業別の構成比を、**図8-1**に実数のグラフを、そして**図8-2**に各年度の事業別の構成比のグラフを示しておきます。また、以上に示す予算は一般会計予算だけであり、特別会計予算等は含まれていないことをお断りしておきます。

縮小傾向を示す国交省、水・土局予算

水・土局中の治水関係予算に入る前に、国交省の一九九九年度から二〇二一年度一般会計予算（同省ホームページより）について触れておきます。二〇〇〇年度の約10兆900億円を最高に二〇二一年度の約5兆9000億円まで、二〇二〇年度の約10兆3900億円（うち補正予算は約3兆3000億円）という異例の高さを除いて、多少の高下はありますが、減少傾向にあります。その中での水・土局の治水予算の比重は二〇〇八年度の34・1％をピークに二〇〇六～二〇〇八、次いで二〇〇〇～二〇〇二の二つの山が見られます。それらを含め、一九九九～二〇〇九年度までは、ほぼ25％以上の比重を占めていましたが、二〇一〇年度に至り15・7％に急落。以降、二〇一一、二〇一九両年度を除き、15～20％の水準が続いています。減少傾向にある国交省予算の中で治水予算の比重が減少傾向にあるのですから、治水関係予算の減少傾向はより強くなります。二〇〇〇年度の約3兆2000億円は頭抜けていますが、二〇〇一、二〇〇二、二〇〇四各年度の約2兆5000億円超えを最高に二〇二一年度の9700億円まで、二〇二〇年度の約2兆円の例外を除いて、減少傾向が続いています。二〇〇〇～二〇〇二年度にわたるピークは、二〇〇〇年九月の東海豪雨による大都市名古屋市での大規模な災害、二〇〇一年の六、八、九月の九州・四国、近畿南部での豪雨災害への対応にも関係していると思われます。河川、ダム、砂防、災害復旧関係予算もピークを示しています。

それに比べかなり低くなりますが、二〇〇四、二〇〇五年の豪雨災害への対応と見られるピークが二〇〇六年度にもあります。ただ、この年度ではダムと災害復旧関係は小ピークとなっていますが、河川事業はむしろ相対的な減額となっています。その後、二〇〇九年九月には、「コンクリートから人へ」を標榜する民主党中心の政権に転換し、二〇一二年一一月までつづきます。その中で、国交省予算は二〇一〇年度には6兆円を切って5兆7000億円にまで落ち込みます。その後、二〇一一年の東日本大震災の復旧・復興という大きな課題を契機に回復軌道に入りますが、二〇二〇年度の10兆3００億円を除いて二〇〇九年度以前の水準には戻っていません。それは、この間の復旧・復興事業が「復興特別会計」予算によるものであったため、国交省の一般会計予算額には反映されていないためだと思われます。

さて、「二〇二〇年度に異例のピーク」ですが、まず、二〇一九年の19号台風、二〇二〇年の豪雨災害に対応する大規模な補正予算の追加が押し上げ、「水防災意識社会の再構築」方針とがあいまって、大きなピークをつくりだしたと考えられます。

次に、治水関係事業種ごとの経年的な動向について見ていきましょう。最も変動が激しいのは災害復旧関係事業です。直前に発生した災害に対応するものとして当然なことと思われます。次いで変動が大きいのが河川事業です。災害復旧に直結していなくても、再度災害防止対策事業や予防的対策事業などは災害発生に強く関係しているからだと思われます。砂防事業やダム事業は前二者に比べて変動はさほど大きくありません。

治水関係予算内訳の変遷～河川重視かダム重視か～

では、治水関係予算額に占める各事業種別の構成比はどうなっているのでしょうか。河川事業については二〇一一、二〇〇四、二〇〇六各年度に40%を下回ることがありますが、一九九七～二〇二一年度の25ヶ年度全体の平均は46%台であり、治水関係予算の約半分を占めています。ダム事業は、30%台～16%台の変動はありますが平均すると約22%となっています。ダムは河川の約半分で、両者で治水予算のほぼ7割を占めています。

このように記しますと、「ダムより河川の方が重視されている」との印象を与えかねませんので、両者の関係について若干のコメントをしておきたいと思います。法的に位置付けられた日本の河川延長は、一級河川約8万8101km、二級河川約3万5864km、準用河川約2万49kmとなっています。そのうち国直轄河川延長は約8804kmでその中の「堤防必要区間」は約1万3356kmとされています。その他の各級河川すべての堤防を対象にするとなれば、両岸が対象となりますから、総延長の倍の長さ約14万4013km、赤道周りの地球3・6周の長さになります。

一方、ダムについては、必ずしも正確な数の確認が困難なのですが、日本ダム協会の『ダム便覧』によれば総数は2728とされています。そのうち、国交省直轄ダム158（Wikipedia 情報による）、水資源機構所管ダム31（「～水がささえる豊かな社会～事業のあらまし」二〇二〇年四月、水資源機構発行による）、都道府県営ダム1389（日本ダム協会「ダム便覧」より）という数値が示されています。直轄事業の対象だけについて比較しますと、ダム1ヶ所あたり河川の堤防必要区間延長は84・5kmとなり、「河川重視」とはとても言えません。

砂防関係事業については最高17%強、最低4%強と幅があり、変動の頻度は高いのですが平均すると12・4%を占めます。

災害復旧関係事業は平均では13・4%ですが、二〇〇一、二〇一三～二〇一六、二〇〇四、二〇二〇の各年度の全体に占める比率が大きく上昇（22・5～41・5％、平均27・5％）し、この費目全体の平均比率を押し上げています。二〇一二年度の予算概要のトップで「激甚な災害を受けた河川については、効果の早期発現（概ね5年程度）を目指して、優先的に事業を実施する」との記述があり、現状復旧だけではなく改良復旧に踏み出す方向への転換を反映した結果とも考えられます。

３　まとめに代えて

見極めが必要な「流域治水」

二〇二〇年一一月一九日、蒲島熊本県知事は、県議会で令和二年7・4球磨川水系豪雨災害の復旧・復興に向け「『緑の流域治水』の一つとして、住民の『命』を守り、さらには、地域の宝である『清流』をも守る『新たな流水型のダム』を、国に求めることを表明いたします。」と発言しました。

「流域治水」に「緑の」を付け加えることで「自然を大切にする」というイメージを強調しようとされたのでしょうか。しかし、ダムを見慣れた流域の人たちや私たちは、雨の少ない夏場、ダム湖によどむ水面にアオコが大発生し緑色に染まることを知っています。マスコミは「流域治水」を中心に大々的にこの発言を報道しましたが、この言葉は同年九月には水・土局が二〇二一年度予算方針の中で述べていたものです。より古くは、二〇一八年度の同局予算概要の中にも記されていました。

さて、20年を超えるダムなしの治水を求めて取組みを続け、国交省はじめ行政の「やり方」についての経験を重ねてきた私たちからすれば、この「流域治水」とされる対策体系は「歓迎すべきもの」というより「見極めるべきもの」なのです。

先にも述べましたが、「対策メニュー」は、ダムの新設や再生がきっちり入った、これまでの水・土局事業をほぼ網羅するものです。しかし、革新的・創造的対策は見出せません。一方、諸対策を、河川管理者、都道府県、市町村等の関係者協議によって流域単位で総合的に実施し、かつ、水・土局の枠にとどまらず、都市計画・地域づくり・土地利用・地方行財政制度など関係する他分野との「協働」を、水・土局自らが標榜していることは重要なことだと考えます。ただ、河川は山に始まり野を巡って海に注ぐ水の流れ・水系であり、それに寄り添う人々の暮らし・営みがある以上、これまでも、そのような対応の仕方が必要であったにもかかわらず、そのことがなされてこなかった歴史的事実を前にする時、果たして、それは可能なのかという疑問を禁じ得ません。

以下、4つの「見極め」のポイントについて記しておきます。

第一は、「河川管理者、都道府県、市町村等の関係者による協議」という点についてです。流域住民や私たちは半世紀以上、あるいは20年以上にわたって、日本一の清流川辺川を守り、ダム災害から流域を守る立場から国交省、県等に要請・抗議を行い、回答を求めてきました。しかし、近年は「梨のつぶて」状態が続いています。二〇〇九年の国交大臣の「川辺川中止発言」後の「ダムによらない治水を検討する場」、「球磨川治水対策協議会」、そして、7・4豪雨災害後の検証委員会や球磨川流域治水協議会に参加し、意見を述べ、決定に関与することも一切認められていません。

二〇〇九年度の予算概要には、「河川管理者中心に考えるのではなく、国民の目線からの『川とともに生きる社会』を目標像とし、双方向コミュニケーションにより多様な主体の連携・協働を進め、それぞれの持つ情報や力を活かした河川管理を推進する」という二〇〇八年八月の社会資本整備審議会河川分科会提言を記載しているにもかかわらずです。その上、上記の「検討する場」や「対策協議会」では、国交省の荒唐無稽とも言える「ダム代替案」の提示などの姿勢に対し、流域住民・県民の立場にたっての反論や対案・要望は抑え、「お上（国交省）への忖度」に終始するような県・流域自治体首長のありさまを目の当たりにしてきました。このような経験から、国交省・関係自治体が、果たして「関係者の協議によって、流域単位で総合的に実施する」のか疑わざるを得ないのです。

第二は、このような「総合的な対策」は果たして実現できるのかという疑問です。水・土局は、河川管理者に加え、都道府県、市町村等の関係者が一堂に会する協議会を「全国１０９の一級水系において、計１１８の協議会を立ち上げる」としています。要するに、１０９水系すべてで「流域治水」事業を実施することを公約したことを意味します。

まず、先に述べましたように球磨川水系での経過を見る限りでは、12年間の「協議」を経たにもかかわらず成案を得ることはなかったのです。このように、事業計画づくりでさえ長い年月がかかるのではないでしょうか。この点について水・土局がどのように考えているのかは記されていません。ましてや、全国、全事業が完成するのは、いつになるのでしょうか。

一つの例を球磨川治水対策協議会から紹介しておきましょう。**表8−1**（74ページ）をご覧ください。最も短い工期でも45年、最長では２００年というものも「提案」されています。事業費でも最少で２８００億円、最多で1兆２０００億円です。国交省が自ら作成した案ですから間違いはないのでしょう。このように、全一級水系での事業を完成させるにはとてつもない年月と費用を要することは間違いありません。

水・土局自身、二〇一五年度の予算概要で「最大クラスの大雨等に対して施設で守りきるのは、財政的にも、社会環境・自然環境の面からも現実的ではない。」と述べています。「流域治水」にも当てはまることではないのでしょうか。技術的には可能（Possible）でも社会・経済的に可能（Probable）かという問題です。

第三は、「流域」を付けても「治水」を残し、その枠を大きく超える革新的・創造的対策に踏み出せるのかという点です。国交省は、球磨川流域治水協議会で、対策対象エリアを「集水域」、「河川区域」、「氾濫域」の三つに区分していますが、まず「集水域」における対策についてです。集水域の大部分を占める山や森林に対しては「森林整備、治山対策」を挙げていますが、具体的な記述は見られません。二〇〇一年度の予算概要では日本学術会議答申中の「森林は中小洪水においては洪水緩和機能を発揮するが、大洪水においては顕著な効果は期待できない。」という記述を紹介し、ダムの必要性を強調するとともに、上流部の森林整備は農水省に、国交省は下流部の透過型砂防堰堤などで立木・土砂等の流出を防止するという趣旨が述べられています。このような縦割りの「役割分担」ではなく、大洪水時の土砂災害防止・洪水緩和の対策をはじめ、中小洪水における土砂流出・渓流や上流部での堆砂抑制対策を、共同して長期的・系統的に検討、実施することができるのでしょうか。

次に「氾濫域」における対策についてです。二〇一六年度前後から「施設の能力を上回る外力に対する対応の」というフレーズが頻繁に登場し、ハザードマップ、タイムライン、河川情報の伝達システムの充実など「命を守る」避難体制の充実に重きが置かれる傾向が顕著となりました。その後、ようやく一部の氾濫を受け容れ、「土地利用一体型水防災事業」の充実をはじめ、輪中や二線堤の整備、被害を緩和する住まい方の工夫や土地利用規制・誘導などにも言及し、近年では「防災集団移転促進事業」を取り入れるなどの前進が見られます。河川の治水だけでなく減災の地域づくりの視点が見られるようになってはいます。しかし、IPCCが警告するように、気候変動の進行によって治水安全度はいっそう低下することが予測される事態に対応する上では、まだまだ十分とは言えません。

治水（或いは水防災）における「水・土局の主導権」へのこだわりを捨て、「治水」と「親水」を切り離さず、「避災」を重視する地域づくりに向けた関係諸機関・住民との対等な協働の中の「一メンバーとしての役割」に踏み出せるのかを見極める必要があります。

第四は、「河川整備基本方針」の問題です。二〇二〇年一二月一八日の「第2回球磨川流域治水協議会説明資料」に対策の目標として「治水対策において目標とする流量は、再度災害防止の観点から令和二年七月洪水流量とする（人吉：毎秒7900立米、横石：毎秒1万2600立米）」との記述があります。これは二〇〇〇年度の予算概要で述べられている「氾濫流対策を取り込んだ災害復旧助成事業」の「改良復旧を認め、河川の場合、被災流量を基に整備目標となる計画高水流量を定め、その流量に適した川幅・堤防高・河床高の河道を整備する」という趣旨を準用したものと考えられます。

一方、二〇〇七年五月に決定された球磨川水系に係る河川整備基本方針では、基本高水のピーク流量を人吉で毎秒7000㎥、横石で9900㎥としています。先の協議会で「認定」された流量は、人吉で900㎥、横石で2700㎥も上回っています。さらに、人吉地点での「令和二年七月洪水流量」については、氾濫痕跡等から毎秒1万600㎥という推計値も市民側から提示されているように、かなり「少なすぎる」との見方もあるのです。また、河川整備基本方針の基本高水のピーク流量設定の根拠となったのは、一九六五年の水害時の流量を基に、人吉市の都市の規模を「勘案」して80分の1の確率とすることによって設定された極めて「旧い」ものです。ちなみにその際の想定降雨量は人吉上流地点で12時間262㎜とされていますが、今次豪雨では100分の1の確率を超える12時間321㎜を記録しているのです。

二〇二一年度の予算概要では、「気候変動のスピードに対応した水災害対策」の「対応二」として、「計画や基準等を『過去の降雨実績や潮位に基づくもの』から、『気候変動による降雨量の増加、潮位の上昇などを考慮したもの』へ」と明記しています。にもかかわらず、このような「旧い」河川整備基本方針を手付かずにしたまま、今次の豪雨を最大として「計画高水流量」を設定することが正しい方法なのでしょうか。

「流水型ダム」は究極の選択？～深まるダムの矛盾～

一九九七～二〇二一年度までの予算概要の中のダムに関する記述については、「事業の点検・再評価」、「ダムの再生・活用」が頻繁に論じられています。その一方、ダムの新設については事業詳細の資料には見られますが、本文中に出ることはまれです。二〇二一年度の「流域治水」の打出しの中でようやく「治水ダムの建設・再生」が本文中に登場しています。しかし、「流水型ダム」という文言は見られません。

これだけを見ますとダムの新設は抑制されているような印象ですが、実際には多くのダムが新設されています。前出の『ダム便覧』によりますと、二〇一九年以降に竣工したダム数は78、さらにその時点で施工中のものが34、計画段階のものが40で合計74にのぼります。その数が多いのか少ないのかを判断するために一九五〇年からの10年ごとの竣工ダム数を見てみますと、二〇一〇年以降を含め平均296・6となり、抑制されている形跡は見られません。一方、盛んに論じられている「ダムの再生・活用」事業の個所数は一九九七〜二〇二一年の期間中で着工・竣工・施工中を含め67にとどまっています。

さて、一貫して論じられてきた「ダムの再生・活用」ですが、二〇一六年度以降、「ダム再生ビジョン」などで、かなり詳細かつ全般的に記述されています。具体的には、嵩上げ、既設ダムの利水容量の有効活用、トンネル洪水吐の新設、堤体削孔等による洪水吐の増設、恒久的な堆砂対策等です。要するに、洪水調節機能を向上させて活用するために、ダムの容量自体、あるいは「治水容量」を大きくし、状況によっては事前放流をより速やかにすることが目指されているのです。さらに、放流に耐える下流の河道確保も加えられます。

一九五七年、特定多目的ダム法が成立し、それまでの農林、通産、建設による三すくみの競い合いが「治水」を担う建設省が「ダムに水を貯留して配分する」というしくみでの決着を見ました。その後は建設省（国交省）主導による利水と治水の両機能をもつ多目的ダム建設が進められてきました。

しかし、治水と利水とは本来、矛盾関係にあります。特に農業用水のピークの一つは田植え前後であり、多雨期と重なります。したがって、ダムの放流量の調整は大変難しいものとなりました。

それに加え、二〇〇一年度の予算概要の「総合土砂管理」にも記されていますが、ダムは川の流れの中に構築された壁であり、その存在が水、土砂、魚類など生物の移動を遮断するものです。そのため堰き止められた水は汚濁し、流下すべき土砂がダム尻やダム湖底に堆積するとともに、下流への流下を堰き止めるため、河床の低下や劣化など河川環境を悪化させ、ひいては海岸線の後退、河口部干潟の環境悪化などの深刻な環境問題を引き起こしています。そして、鹿児島県の川内川上流の鶴田ダム、ごく近年では愛媛県の肱川上流の野村・鹿野川両ダムのような緊急放流による直下流に深刻な災害をもたらす事態も見られるのです。先に述べた「ダム再生・活用」はこのような事態を、ダムを維持する立場に立って「解決」しようとするとも言えるでしょう。

「流水型ダム」は、このような状況下に登場したものです。その意味で、主に堆砂問題に対応する現段階の「最終解答」＝「究極の治水ダム」なのでしょう。しかし、「技術が完全に確立していない」という点では、二〇〇二年に国交省自らが「抹消」したフロンティア堤防と同様ではないかと思うのですが。

あとがき

昨年十一月の地元紙に、元水・土局長で国会議員のインタビューが掲載されました。その中で、三つの発言が心に引っかかりました。

一つは「川辺川ダムは全国的なダム反対運動の高まりを受け、科学的な問題が政治的な問題にすり替わってしまった」というもの。二つ目は「国交省が導いた数値は、…妥当なものだ。科学的データを自分のイメージと違うから批判するという姿勢では過ちを繰り返す」というものです。

まず、「政治的問題に…」という点ですが、農水省、熊本県をして、台地上の水田化を夢見る農民をけしかけ、五木村やダム反対の人々を孤立させる政治的仕掛けをつくったのは建設省だったでしょ。

二つの発言には、自然科学と思しき「科学的」という言葉が使われています。しかし、まず、科学には自然科学だけではなく社会科学、人文科学もあるでしょ。そして、人は皆、自然科学の示す通りにしなければならないの。また、科学は、常に発展途上にあるものでしょ。にもかかわらず「自分たちの有する治水についての知見や技術が科学的であり、国民がイメージから批判することは間違いで、受け入れるべき」とは、あまりに権力的・傲慢に過ぎるのでは。

そして、三つ目に、そのような「確信」を持った方の「ダムや堤防整備によらず、治水が達成できると考えるのは誤解」という発言は受け入れ難いのです。

さて、日本列島はプレートの動きによって隆起した島で、現在でも3分の2が山です。残る3分の1のうち河川や湖沼を除く比較的なだらかな土地の大部分は、山に降った雨が押し流した土砂の堆積によってできたものと言えるでしょう。そこに人々の暮らしや営みが定着して現在に至っています。一方、河川は山に始まり野を巡って海に注ぐ水や土砂の流れであり、多様な動植物が連なって生きる自然の生態系をつくりだしてきました。

治水は、人々が定住する土地の由来から、常に土砂災害や水害の危険にさらされていることに対する営為の一つとして重ねられてきたのです。このように捉えるなら、巨大なダムや堅固な堤防や擁壁など、長期にわたって自然を大きく改変・固定化するような治水事業をもって流域全体を規定することは、あってはならないはずです。

二〇〇七年六月の日本学術会議の国交省への答申では「長期的な視点での均衡ある国土構造の再構築が不可欠」とし、「住民自らによる適正な居住地選択と土地利用の適正化」がうたわれています。

一つ、重ねて述べておきたいことがあります。山・森に関する取組みです。それは5年や10年ではなく１００年単位の取組みです。だからこそ、今すぐにでも本格的にはじめなければなりません。「林業研究」の枠を大きく打ち破る、山や森に関する長期の総合的かつ綿密な調査研究が不可欠です。それらの知見に基づく様々な施業とその検証とを繰り返し蓄積しながら森を、そして他の動植物を育てていくことです。当然そのためのマンパワーの確保も必要です。それは同時に過疎化が深刻な山間地域の再生にもつながることでしょう。まさに日本の豊かな森・国土を取り戻すのです。

最後になりましたが、本書作成にあたり、多大なご支援をいただきました故板井優弁護士のご遺族の皆様、ご協力・ご助力をいただきました人吉球磨・芦北地域の皆様、ご助言・情報をご提供いただきました方々に紙上を借りて感謝申し上げる次第です。

資料1　川辺川ダム問題文書

令和２年８月 31 日

令和２年７月球磨川豪雨検証委員会
委員各位

第１回球磨川豪雨検証委員会に対する抗議と提言

～川辺川ダムありきの検証が、流域住民の生命財産を再び危険にさらす～

子守唄の里・五木を育む清流川辺川を守る県民の会
代表　中島　康
清流球磨川・川辺川を未来に手渡す流域郡市民の会
共同代表　緒方俊一郎　岐部明廣
美しい球磨川を守る市民の会
代表　出水　晃

日頃からの災害復旧復興へ向けたご尽力に対し、深く敬意を表します。

私たちは、清流球磨川・川辺川を守るため、長年活動を続けてきました熊本県民、球磨川流域の住民有志による市民グループです。

さて、去る８月 25 日に開催された第１回令和２年７月球磨川豪雨検証委員会での議論に対し、検証内容と委員会のあり方について強く抗議します。

■ダムありきの検証は信頼できない。ダムと堤防で洪水を制御するという従来型治水では豪雨に対処できず再び被害を招く

委員会の中で、国交省は、従前の考え方に基づく検証を進めようとしています。

今回の降雨や洪水水位がこれまでの想定を大きく超えていたにもかかわらず、「川辺川ダムがあれば今回の洪水は防げた」との結論ありきで進められています。今回の豪雨の特徴等を無視し、流量算定根拠を示さず、緊急放流などダムの危険性は全く検討されていないなど、国にとって不都合な点を除外した検証であり、信頼できるものではありません。

今回の豪雨災害は、これまでの治水の発想では、もはや水害に対応できないことを明らかにしました。今後予想される気候変動による気象現象のさらなる激甚化を考えれば、ダムと堤防で洪水を制御する従来型治水では、今回以上の被害を引き起こしかねません。

■住民不在の検証では、再び議論の長期化と混乱、対策の遅れを招く

住民を交えず、国、県、首長のみで検証や議論を進める在り方では、水没予定地を含む流域全体に再び混乱と対立をもたらすことが懸念されます。

かつて国交省は、住民への説明責任を果たさず、合意形成のプロセスを軽視し、流域住民の意思を無視して、国・県・首長のみで川辺川ダム計画を強硬に進めてきました。その

1

結果、40 年以上に渡り流域自治体と住民を翻弄し、流域に長きに渡る混乱と対立とを引き起こし、必要な水害対策を放置し続けました。

そして最終的には、地域住民の民意を受けた、ダム本体建設予定地の相良村村長、ダムの最大受益地とされた人吉市市長、そして熊本県知事、国交大臣が中止表明し、ダム建設計画は破綻するに至りました。

被災住民をはじめとする流域住民の意思を無視して、住民主体による合意形成プロセスを経ずに検証と議論を進めるならば、再び議論の長期化と混乱を引き起こし、必要な水害対策や災害に強い地域づくりがますます遅れることになります。

以上の点について強く抗議するとともに、下記の通り検証委員会の問題点を指摘し、改善を求めます。

記

1．線状降水帯の降雨の特徴とその影響を検証すること

今回の線状降水帯による空前の降雨は、6 時間雨量で 200～500 ミリ、12 時間雨量で 300～600 ミリ、24 時間雨量で 400～600 ミリという、猛烈な雨を球磨川流域にもたらした。これは、従前の球磨川の治水安全度「80 年に 1 度の降雨（12 時間雨量 262 ミリ）」とは、大きく異なる降雨である。今回は特に、すべての支流と、球磨川中流部で激しい降雨があり、本流の流量に大きな影響を与えている。

空前の豪雨が広範囲・長時間・同時に発生するという、従来とは大きく異なる線状降水帯による降雨に対して、ダムと堤防で洪水を制御する従来からの治水では対応できないことは、今回の水害からも明らかである。

今回、線状降水帯はどの地域に発生し、その結果どの河川、どの支流に水量が集中したのか。今後も予想される、気候変動による降雨の激甚化を前提に、どう対処して行かなければならないのか。現在欠落しているこれらの検証は、不可欠である。

2．人吉地点のピーク流量 8000 m³/s などの算出根拠を明らかにすること

検証委員会での国交省の説明では、今次洪水の人吉地点のピーク流量 8000 m³/s やダムの効果が、どのようなデータや数値を基に、どのような手法で導き出されたか、その根拠も算出過程も明らかにされていない。8500 m³/s と推定する専門家や、それ以上との指摘もある。

また、市房ダム洪水調節後のピーク流量 7500 m³/s や、仮に川辺川ダムで洪水調節が行われた場合の 4700 m³/s についても、その根拠がまったく示されないまま、唐突に数字のみが示されている。

これらの数字の正当性や妥当性が示されぬ限り、川辺川ダムにより水害は防げたという結論に導くことを前提にした、実態を踏まえぬ結論ありきのものと考えざるを得ない。

2

3．大量の流木や土砂の流入という従来型水害との違い、緊急性の高い堆砂の速やかな撤去などを検討すること

今回の水害と過去の水害との大きな違いは、雨量や水位、流量だけではない。大量の流木と土砂が、勢いを伴って短時間に流れたことと、水位上昇が非常に速かったことも決して見逃せない。多くの護岸や道路崩落、橋脚の流失などからも明らかである。しかしこれらは、一切検証されていない。

また、現在流域の河床、および支流との合流点には、大量の土砂・流木が堆積し、流域の河川すべての流下能力は想像以上に減少していると思われる。台風到来時期に備える観点からも、土砂撤去は喫緊の課題である。これらの緊急性の高い優先的対策の実施については、早急に検討すべきである。

4．地域ごとに異なる水害発生の要因を検証すること

今回の水害では、流域の地点ごとに地形や降雨量、降雨パターンが異なるため、氾濫の要因は大きく異なる。にもかかわらず、それらの検証が行われていない。

今回、小さで川、鳩胸川、胸川、山田川、万江川、小川、川内川などの支流では、早い段階から広範囲での浸水が起きている。また、支流と本流の合流点付近では、本流からの氾濫とあいまって、極めて複雑な洪水現象が起きている。

また、国や県が実施した水害対策が役に立たずに浸水被害が起きた箇所、従来の国の説明では氾濫すると説明されていながら今回浸水被害が一切なかった箇所もあるが、これらについても詳細な要因が検証されていない。

特に人吉から渡までの区間ではほぼ両岸が浸水し、人吉市温泉町や万江川下流、球磨村渡地区の小川河口のように、堤防が完備されていながら大きな氾濫が起きた箇所が多数あった。また、かつて川辺川ダム計画の中で国が「川辺川ダムを建設しなければ、人吉で 7000 ㎥/s の降雨があった場合に必ず氾濫し、八代平野の大部分が浸水することになる」と繰り返し説明をしてきた八代の萩原堤防は、今回の水害では堤防天端まで余裕をもって流下し、一切氾濫しなかった。

さらに今回の水害では、樋門箇所が破堤した２ヶ所のほかにも、支流を含む全流域で堤防や護岸が大規模に破壊されている。これらの検証も必要である。

5．瀬戸石ダムによる影響について検証すること

瀬戸石ダム近辺では、ダムにより洪水の流れが大きく阻害され、被害を拡大させたことが痕跡から推定される。何より、瀬戸石ダムの門柱や本体、また、その水面下に溜まった土砂がなければ、瀬戸石ダム地点の流下能力を倍増させたのは否定できない。瀬戸石ダムにより、ダム上流では水位が上がり、下流ではダム両側から溢れた水流が一気に押し寄せ建物や護岸を破壊しながら勢いよく流れ、被害を拡大させた。

水門を開いていたとは言え、川の流れを堰き止める構造物である瀬戸石ダムが、水害被害拡大に影響を与えたことは自明であり、撤去を含めて検証すべきである。

6．ダム緊急放流を含むダムのリスク面について検証すること

氾濫した状況でのダム緊急放流は被害を増大させるが、今回の検証では「緊急放流」の危険性について、まったく検討されていない。

７月４日早朝、熊本県は当初午前８時半から球磨川上流の市房ダムの緊急放流を開始すると発表。各報道機関は下流の住民に対し、ダム緊急放流による水位の急激な上昇から命を守るよう、繰り返し警戒を呼び掛けた。しかしその時、すでに人吉市や球磨村、芦北町、坂本町などは浸水し、被災住民は情報を得ることができない状況にあり、万が一緊急放流されていた場合、命を守る行動を取るすべはなかった。多数の被災住民が「球磨川が氾濫している最中にもしダム緊急放流をしていたら、危うく命を落としていた」「緊急放流が無くて本当によかった」等証言している。

結果的に免れたものの、なぜ市房ダムは緊急放流しようとする事態になったのか。市房ダムによる洪水調節効果や流木捕捉効果のみが強調され、緊急放流していた場合の被害拡大については、一切検証されていない。

また、もし川辺川ダムが存在していても、線状降水帯による今回のような豪雨が川辺川ダムの集水域を襲えばダムは満水となり、川辺川ダムが緊急放流をしていたことは明らかである。梅雨時期の川辺川ダムの洪水調節容量は、市房ダムの洪水調節容量の約 10 倍である。川辺川ダムの緊急放流は、市房ダム以上に下流に甚大な被害を引き起こし、２ダムの同時緊急放流ともなればその被害の大きさは想像を絶する。

今回のような線状降水帯が、市房ダム上流や川辺川ダム予定地上流に長時間かかり続けた場合、あるいは「1000 年に１度」の最大規模の豪雨に見舞われた場合、２つのダムがどのような状況になるのか。

想定外の状況に直面したダムは、緊急放流や決壊のリスクを持つ。ダムが孕む構造的なリスクを具体的に明示し、検証する必要がある。

7．防災のための土地利用、地域づくり、山林の視点を加えた、総合的な水害防止対策を検証すること

検証委員会は検証の対象とする事項を定めているが、国交省のダムによる治水の論点にとどまり、極めて限定的で、検証すべき視点が多数欠落している。

具体的には、各地区における土地利用のあり方、災害に強い地域づくり、都市計画づくりといった、総合的な水害防止対策のために必要な視点が除外されている。また、山林への視点も欠落している。今回の水害では大量の土砂と流木が流れ、これらは上流の森林の荒廃に起因したと推察される。だが、委員会では検証すべき山林への視点は皆無である。

従来型の治水対策では人命を守ることはできないことが、今回の水害で明らかになった。検証委員会は、球磨川水害の検証について総合的な観点に立ち、国交省が提起する以外の視点を幅広く取り入れて、検討の材料にすべきである。

8．60余名もの尊い命が失われた原因を検証すること

検証委員会においてまず検証すべきは、60名以上もの住民が、なぜ避難できず、命を落とすに至ったのかである。ハードインフラとソフトインフラとがどう機能し、あるいは機能不全になったのか、これまで実施した治水対策や避難体制にどのような問題があったのか、60余名が亡くなられた要因の検証が不可欠である。

検証委員会での議論では、失われた命に対する検証が軽視されている。川辺川ダムがあれば、あたかもこれらの人命が守られたかのように語ることは、印象操作との誹りを免れず絶対に許されない。

このことを肝に銘じ、60余名もの尊い命が失われた原因を検証すべきである。

9．検証委員会へ住民参加と多様な視点からの参加、公開性を保証すること

住民参加が欠如したまま検証が進むことを、私たちは強く危惧する。住民への説明責任と合意形成のプロセスを放棄した現在の検証委員会の進め方は、再び流域に対立と混乱をもたらすことが必至である。

どのように川との共生を続けていくのかを決めるのは、国や県ではなく、川のそばに暮らす住民自身である。今回の検証委員会のように、住民不在のまま検討されていくことは、到底容認できるものではない。住民決定の視点が不可欠である。

また、前述のように、ダムと堤防で洪水を制御する治水は通用せず、国交省の視点からの想定では洪水が防げないことが、今回の水害で明らかになった。検証には、今回の被災者を含む流域住民に加え、川辺川ダム問題に向き合ってきた住民団体、国とは異なる見解を持つ専門家、治水以外にも、防災まちづくりや山林、気象の研究者など、さまざまな立場の多様な視点を取り入れるべきである。

加えて、傍聴可能な検証委員会であるにもかかわらず、開催直前の記者発表により周知の努力を怠ったことは猛省すべきである。開催直前の記者発表であり、傍聴手続きも煩雑であった。今回オンライン傍聴者は160名を超えたが、被災者を含め、オンライン傍聴環境が確保できる者は極めて限られる。委員会開催は、数日前に記者発表するだけではなく、関係団体への事前通知も含めて２週間以上前には発表、通知し、充分な周知時間確保と傍聴手続きの簡略化を図るべきである。

以上

【本申入れに関する連絡・問合せ先】
子守唄の里・五木を育む清流川辺川を守る県民の会
〒860-0073　熊本市西区島崎 4-5-13
TEL:090-2505-3880（中島）

5

2020年9月10日

熊本県知事　蒲島 郁夫 様

熊本県による五木村振興策に関する意見書

子守唄の里・五木を育む清流川辺川を守る県民の会
代表　中島　康
美しい球磨川を守る市民の会
代表　出水　晃

日々、わたしたち県民のためにご尽力下さることに敬意を表します。

私たちは、清流球磨川・川辺川を守り、住民主体による川づくり、地域づくりを支援してきた市民グループです。

1. 12年前のダム反対表明は、民意を受けた英断

2008年9月11日、貴職は「球磨川は県民の宝」として川辺川ダム計画白紙撤回とダムによらない治水対策を極限まで追求するべきと表明し、その直後の世論調査では県民の85%から支持を得ました。

これは川辺川ダム事業が流域社会に「苦難と対立の歴史」をもたらしてきたことへの反省を踏まえ、「住民独自の価値観を尊重することによって、人や地域が輝き、真に豊かな社会が形づくられ」るという貴職の信念に基づき、なされた判断でした。流域住民や県民の民意を踏まえたものであり、県政史に残る優れた英断だったと高く評価します。

貴職におかれましては、2008年9月11日の「球磨川は県民の宝」とされた初心に立ち返り、揺らぐことなく、合意形成のプロセス、流域住民に対する情報の全面公開と説明責任を最重視した検証と判断をして下さるよう要望します。

2. 県は五木村を再び翻弄してはならない

12年前、川辺川ダム白紙撤回を表明された直後から、貴職は自ら本部長となり、ダムに翻弄されてきた水没予定地・五木村に対して、県政をあげて人的・予算的措置を含む地域振興支援に尽力されてきました。

これは、それまで40年以上に亘り、県が国と同じ立場に立ち、村に対しダム計画受け入れを迫ってきた結果、村の中に大きな混乱と対立を生み、急激な人口流出など地域の

1

衰退を招いたことへの深い反省に立たれ、県としての責任を果たすためであったはずです。

7月の球磨川水害以降の「川辺川ダムも選択肢の一つ」という貴職の発言は、現在、五木村民の間に大きな不安と動揺をもたらしています。県が国と同じ立場に立つことは、かつて、貴職が深い反省をされた歴史が繰り返されることになります。そのことが再び12年前に時計の針を戻し、これまで積み重ねられた五木村の地域振興の歩みを白紙に戻し、村の未来を先の見えない混沌の中へと招き入れ、翻弄しかねないことに、私たちは強い危惧を感じています。

五木村の人口は、計画発表時の約5,000人から、現在約1,000人にまで激減し、高齢化も大幅に進んでいます。村にとって、将来に向けた地域づくりは待ったなしの課題であり、その停滞は村消滅の危機に直結しかねません。

貴職は、再び五木村を翻弄すべきではありません。水没予定地を孤立させ、下流域と対立するような構図を再び作るべきではありません。

水害検証を進める中で、地域社会に不要な混乱や対立をもたらす案に対しては、県知事として特に慎重な姿勢で挑まれますよう要望します。

去る8月31日、私たちは「第1回球磨川豪雨検証委員会に対する抗議と提言」を検証委員会に提出いたしました。

その中に記した通り、私たちは、流域で川とともに暮らし続けられるための水害対策と持続的な地域社会づくりが重要だと考えています。地球温暖化時代の大水害に対して、ダムや堤防による水害対策は限界を迎えています。効果が限定的で、未曾有の降雨には対応できず却って危険を増すダムではなく、実効性のある水害防止対策を、流域住民の声を反映しながら進めることを私たちは求めています。流域全体で水害リスク対策を考え、幅広い視点から川と地域を捉える必要性は、複数の研究者からも指摘されている通りです。

貴職におかれましては、過去の五木村の苦難の歴史と、それに向き合い、村と共に地域振興に尽力されてきた県政の歩みを振り返り、住民こそが主人公となる地域づくりの姿勢を全う下さることを強く要望致します。

以上

【連絡・問合せ先】
子守唄の里・五木を育む清流川辺川を守る県民の会
〒860-0073　熊本市西区島崎 4-5-13
TEL:090-2505-3880（中島）

2

2020年9月25日

川辺川ダム建設促進協議会　会長　森本完一様

貴会決議並びに県知事要望への抗議文

子守唄の里・五木を育む清流川辺川を守る県民の会
代表　中島　康
美しい球磨川を守る市民の会
代表　出水　晃
代表連絡先　〒860-0073　熊本市西区島崎 4-5-13
TEL:090-2505-3880 中島　康

私たちは、清流球磨川・川辺川を守り、住民主体による川づくり、地域づくりを支援してきた市民グループです。

貴会は、8月20日、構成員たる球磨川川辺川流域の12市町村長によって、「川辺川ダム建設促進に関する流域市町村決議について」という決議文を採択し、その決議を踏まえ、9月18日、熊本県知事に「川辺川ダム建設に関する要望書」（9月17日付け）を提出されました。貴会のこの「決議文」並びに「要望書」は下記の通り問題がありますので、強く抗議するとともに白紙撤回していただきますよう申し入れます。

もともと、この「決議文」自体、被災住民を始めとする流域住民の意思に基づかない貴職ら12市町村長の個人的な見解に過ぎません。その上で「決議文」には、「10余年におよぶ『ダムによらない治水』の検討の場は、結論さえも見いだせない空白の時間であったと考える」とあります。これは2009年1月から始まった「ダムによらない治水を検討する場」と2015年3月から始まった「球磨川治水対策協議会」のことを指すと思われます。いずれも参加メンバーは国土交通省、県、貴職ら流域12市町村長でした。即ち、「空白の時間」を作り出した責任は、貴職らにもあり、これを他人事のようにいうのは、あまりにも無責任というほかありません。貴職らこそ反省し、被災者を始めとする流域住民に謝罪すべきです。

また、「決議文」「要望書」とも「川辺川ダムを含めた治水対策を講じる」ことを求めていますが、かつて貴会を始めとする行政側が住民の声を聞かず、この川辺川ダムに固執し、事業を強行しようとしたがために、流域に無用の混乱と対立がもたらされ、有効な水害対策が講じられないまま、それこそ数十年の「空白の時間」が経過しました。

また、川辺川ダム建設は水没予定地の五木村や相良村に多大な犠牲を強いるものです。貴職らは、自らの市町村民を水害から守るためには、再びこの両村に多大な犠牲を強いても問題ないと考えているのでしょうか。

被災住民を始めとする流域住民はダム建設を望んでいません。瀬戸石ダムを見ても明らかなように、洪水時にダムは上下流に多大な被害をもたらします。もし川辺川ダムが存在していた場合、線状降水帯による今回のような豪雨が川辺川ダムの集水域を襲えばダムは満水となり、川辺川ダムが緊急放流をしていたことは明らかです。ダムは危険で時代遅れです。今後の水害対策にはダムは最初から除外すべきです。このことを貴職に抗議すると共に、強く申し入れるものです。

以上

2020年11月13日

熊本県知事　蒲島　郁夫様

清流球磨川・川辺川を未来に手渡す流域郡市民の会
共同代表　岐部　明廣
緒方俊一郎
美しい球磨川を守る市民の会　代表　出水　晃
子守唄の里・五木を育む清流川辺川を守る県民の会
代表　中島　康
代表連絡先　〒860-0073　熊本市西区島崎4-5-13
TEL:090-2505-3880中島　康

川辺川ダム容認方針に対する抗議文

報道によりますと、貴職は川辺川ダムの建設を容認する方針を固めたということです。私たちは、貴職のこの川辺川ダム容認方針に強く抗議します。

今回の豪雨被災者を始めとする流域住民の総意は、川辺川ダム建設を求めていません。貴職も流域住民からの意見聴取を行いましたが、被災者を始めとする住民からはダムに対して、強い拒否反応がありました。このように住民の望まないものを押し付けることは、再び流域に対立と混乱をもたらすだけです。

また、市房ダムのせいで球磨川の環境は年々悪化してきました。川辺川ダムを建設すると、球磨川は完全に「死の川」となり、流域の市町村も同様に衰退は必定です。球磨川・川辺川の清流無くして、流域の復興はあり得ません。ダム建設は、復興はおろか復旧にも多大な悪影響を及ぼし、その災禍は永くこの地を苦しめます。その責任は誰も負うことはできません。愚かな決断の方向転換を直ちに止めるべきです。

そもそも川辺川ダムがあったとしても今回の水害は防ぐことは出来ません。人吉市や球磨村の降雨の開始時期とそれより上流域の川辺川ダム予定地や市房ダム地点でのそれは殆ど同じか、上流域が少々遅れている状況です。川辺川ダムが「効果」を発揮する前に、既に人吉市や球磨村は支流の氾濫で浸水しています。ダムを議論する以前に支流の氾濫を抑えるための対策を優先すべきです。

貴職は２００８年９月の川辺川ダム中止表明時に、球磨川・川辺川は守るべき宝と述べましたが、その宝を壊してまで、何を得ようとしているのでしょうか。流水型ダム（穴あきダム）でも、流域住民の命と清流を守ることはできません。今回の貴職のダム容認方針は「政治判断」と言われていますが、そもそも政治とは住民のためにあるものです。貴職の「政治」とは住民ではなく、別の方向を向いています。誰のための「政治」をしているのですか。この決断は荒瀬ダム撤去方針撤回表明と共に県政の汚点として永久に歴史に刻まれることになるでしょう。貴職に対しあらためて抗議するとともに、私たちはあらゆる手段を講じ、未来永劫、このダム建設を阻止することをここに宣言します。

以上

2021年1月28日

人吉市長　松岡隼人様
熊本県知事　蒲島郁夫様

7・4球磨川流域豪雨被災者・賛同者の会
共同代表　鳥飼香代子
市花保
清流球磨川・川辺川を未来に手渡す流域郡市民の会
共同代表　岐部明廣
緒方俊一郎

球磨川に溜まった土砂の撤去に関する要請書

昨年７月４日の豪雨で、人吉では20名の方が亡くなられましたが、全てが支流の氾濫によるものであり、亡くなられた場所と時間を詳細に検証すると、仮に川辺川ダムが効果を発揮したとしても命を救うことはできませんでした。

また今回の豪雨では、球磨川の多くの橋が洪水に飲み込まれ流失しましたが、川辺川ダム建設予定地のすぐ上流と下流にある、古くて小さな２つの吊り橋が流されずに残っています。このことは、川辺川上流の雨量は球磨川中流域に比べて少なく、川辺川ダム地点の流量も少なかった動かぬ証拠です。仮に川辺川ダムがあっても、効果が発揮できなかったのは明らかです。

河道掘削は、ダムによる洪水調節よりも確実に洪水水位を下げることができます。河床を１ｍ下げれば、洪水水位も１ｍ下げることができます。また、最近の住民の意識調査からも、河道の土砂の撤去を求める住民が非常に多いことは明らかです。

ところが人吉市の中川原周辺では、2006年１月に一部の堆積土砂が撤去されて以降15年間、河道に堆積した土砂は放置されたままでした。堆積土砂は毎年増える一方で、河床も相当上昇しています。そのことが昨年７月４日の豪雨被害を拡大させた大きな要因です。

球磨川流域治水協議会において、国土交通省は今後、球磨川の平水位までの掘削を行うとしていますが、長年の土砂の堆積で河床自体が上昇しています。球磨川下り発船場近くでは、カヌーのパドルが川底に当たり、カヌーの練習ができないほど河床に土砂が堆積しています。平水位までの土砂撤去とともに、可能な河床掘削を行い、平水位も下げるべきです。

そこで、下記２点を国土交通省に対し要請していただくことをお願い致します。

記

1．平水位以上の球磨川本川と支川の堆積土砂の撤去を今年の梅雨までに行うこと
　球磨川流域治水協議会で検討中の、平水位以上の球磨川本川と支川の堆積土砂の撤去を今年の梅雨までに早急に実施すること。中川原の両側を流れるまで堆積土砂を撤去すること。上下流のバランスを十分考え撤去を行うこと。今後も長期的に堆積土砂の撤去を継続すること。堆積土砂の撤去に関して住民説明会を開き、十分に説明を行うとともに、住民の意見を聴くこと。

2．可能な河床掘削を行うこと
　長年の土砂の堆積で河床自体が上昇しています。平水位までの土砂撤去とともに、可能な河床掘削を行い、平水位も以前の状態まで下げること。河道の流下能力を上げるために、人吉市の中川原のスリム化、もしくは撤去を検討すること。

以上

1

資料2　瀬戸石ダム問題文書

２０１３年１２月６日

電源開発株式会社　　取締役社長　北村　雅良　殿

抗　議　文

１．貴社は、先日（２０１３年１２月３日）、瀬戸石ダムの水利権更新の申請をした。われわれは、そのことをマスコミ報道で知った。貴社は、私たちをはじめとする流域住民の意向を確認しようともせず、同ダムの必要性について説明会も実施せず、それどころか話し合いを拒否し、突然、一方的に更新の申請をした。これは社会的道理と信義に反し、事業体としての資格すらない暴挙である。この一点を以てしても、貴社の行為は批判にあたいし、ここに、抗議する。

２．熊本日日新聞（２０１３年１２月４日）によると、貴社は、「地元関係者の理解と協力を得るように努力し」と述べている。この発言は、前記１の行動と矛盾する内容であり、貴社の真意を疑う。仮に、「地元関係者の理解と協力を得る」ことを重要と考えるのであれば、水利権更新の申請手続を撤回し、まずもって、その旨の努力をすべきである。貴社の行動は本末を転倒した行動であり、批判を免れず、ここに、抗議する。

３．貴社は、１９５８年から瀬戸石ダムの運用を開始した。現在撤去工事中の荒瀬ダムと相まって、瀬戸石ダムは、上流と下流に多大の損失を与えつづけてきた。水害、振動被害、土砂堆積、水質悪化、異臭、魚族の移動阻止、鮎や鰻の漁獲高の激減など、被害内容は重大かつ多岐にわたる。これらの被害を回避する努力もせず、今後も同ダムを利用しようとする貴社の姿勢を疑う。球磨川は、貴社の利益のためだけに存在するのではない。そのことを全く理解していない点において、批判に値し、ここに、厳重に抗議する。

４．流域住民の理解と協力を得ないなか、瀬戸石ダムを円滑に運用することは不可能である。この旨、貴社に警告するともに、申請を速やかに撤回し、流域住民との話し合いに応じるように求める。

以　上

瀬戸石ダム撤去を求める連絡協議会（構成団体は別紙のとおり）

国土交通大臣　太田昭宏　殿
国土交通省九州地方整備局長　岩崎　泰彦　殿

２０１４年２月１３日

抗　議　文

１、貴職は、昨日（２月１２日）、電源開発株式会社が管理運営する瀬戸石ダムの水利権更新について、許可した。これに厳重に抗議する。
①水害をはじめとする具体的被害が発生し、かつ、その防止策が講じられていないにもかかわらず、なぜ、許可したのか。
②球磨川本流及び川辺川をはじめとする球磨川支流における鮎などの魚族の存在は球磨川流域、特に、球磨人吉にとって重要な観光資源であるにもかかわらず、その対策が講じられていないにもかかわらず、なぜ、許可したのか。
③瀬戸石ダム近辺の騒音、振動、異臭について解決策が講じられていないにもかかわらず、なぜ、許可したのか。
④瀬戸石ダムにより球磨川・八代海の水産資源は大きく損なわれている。その解決策もないにもかかわらず、なぜ、許可したのか。
⑤瀬戸石ダムの放流方法は、出鱈目である。電源開発株式会社は住民の疑問や意見に耳をかそうとしない。そういう企業に、水利権更新をなぜ認めたのか。

２、瀬戸石ダムは昭和３２年に竣工した。すでに５６年経過したことになる。今後さらに、２０年更新されるとすれば、７６年の長きにわたって、一民間企業が球磨川を「支配」することになる。７６年は、とてつもなく長く、２０年の間に、流域の村落は死滅しかねない。そのことを想うとき、私たちは、悲しくて、たまらない。貴職には、私たちの悲しみが理解できないであろう。

３、瀬戸石ダムは、依然として、危険・有害である。私たちは、今後も、同ダムの問題点を指摘していく。貴職においては、住民の指摘を真摯に受け止めるよう強く求める。これは、熊本県知事の付帯意見でもある。

瀬戸石ダム撤去を求める連絡協議会
代表連絡先　上村雄一
〒８６９-６１１５
八代市坂本町荒瀬２２２７
電話０９０－７２９７―２７２０

抗　議　文

熊本県知事　蒲島郁夫　殿

２０１４年２月１３日

瀬戸石ダム撤去を求める連絡協議会（構成団体は省略）
代表連絡先　〒869-6115 八代市坂本町荒瀬２２２７
電話０９０－７２９７―２７２０　上村雄一

貴職は昨日（２月１２日）、電源開発株式会社が管理運営する瀬戸石ダムの水利権更新について、「支障なし」との意見を国土交通省九州地方整備局長に伝えた旨を表明しました。

①水害をはじめとする具体的被害が発生し、かつ、その防止策が講じられていないにもかかわらず、「支障なし」とはどういうことか。

②球磨川本流及び川辺川をはじめとする球磨川流域は、荒瀬ダム撤去による県からの稚鮎のすくい上げ事業費の助成打ち切りにともなう電源開発株式会社の代替助成の確約も取り付けないまま、特に瀬戸石ダム上流の人吉球磨に重要な観光資源を失わせ、地域経済の壊滅的衰退を招くのは必然にもかかわらず、「支障なし」とはどういうことか。

③瀬戸石ダム近辺の耐え難い騒音、振動、異臭について解決策が講じられていないにもかかわらず、「支障なし」とはどういうことか。

④瀬戸石ダムにより球磨川・八代海の水産資源は大きく損なわれている。その解決策もないにもかかわらず「支障なし」とはどういうことか、などなど、貴職の判断には、到底納得できません。

瀬戸石ダムは昭和３２年に竣工しました。すでに５６年経過したことになります。今後さらに、２０年更新されるとすれば、７６年の長きにわたって、一民間企業が球磨川を「支配」することになります。７６年はとてつもなく長く、この先２０年の間に、流域の村落は死滅しかねません。そのことを想うとき、私たちは、悲しくて、たまりません。貴職には、私たちの悲しみが理解できないと思います。貴職は、地元に赴き、現状を把握すべきでした。それをせず、「支障なし」と判断したのでは、地元は救われません。流域住民の不幸量を増大しました。

上記に関し、貴職は４項目の付帯意見を付けました。活かされる保証はありませんし、不十分な内容ですが、それでも、実現することには意味があります。貴職においては、貴職のかねてからの「県民の総幸福量の増大をはかる」という理念を実現させるため、「支障なし」の意見を撤回し、付帯意見の内容実現に最大限の努力を尽くされるように求めます。

2019 年 5 月 21 日

電源開発株式会社　代表取締役社長　渡部　肇史　様

瀬戸石ダムを撤去する会
共同代表　出水　晃、上村　雄一、緒方 俊一郎
連絡先　869-0222 熊本県玉名市岱明町野口 927 土森方
TEL:080-3999-9928 FAX:020-4668-3744

熊本県・瀬戸石ダム問題に関する申入れ書

私たち、瀬戸石ダムを撤去する会は 2014 年に設立され、熊本県南部を流れる球磨川に建設された瀬戸石ダムが引き起こす問題の解決を流域住民サイドから取り組んでいる団体です。

かつて流域住民にとって、球磨川は文字通り宝でした。澄んだ豊かな流れとともに、鮎を始めとする多くの魚が群れ泳いでいました。球磨川はとりきれないほどの魚を流域住民にもたらしました。また流域住民は、川で泳いだり遊んだりしていました。流域住民の生活は川とともにあったのです。

流域住民を川から遠ざけたのはダムです。1955 年完成の荒瀬ダム、1958 年完成の瀬戸石ダムなど球磨川水系には多くのダムが建設され、それまで川と密接に結びついていた流域住民の暮らしも激変しました。ダムは水害を引き起こし、流域住民の家や財産を奪いました。ダムが出来る以前には水害という言葉はありませんでした。ダム湖からの放流やダム湖の水位上昇により、ダムは球磨川を水害常襲地帯に変えてしまったのです。また、水質悪化をもたらし、ダムができるごとに生き物は減り、球磨川や不知火海の漁獲高は激減していきました。

ダムがもたらす弊害は様々ですが、貴社が管理運営している瀬戸石ダムはダム湖の土砂堆積が進み、このことにより、これまでもダム湖周辺地域でたびたび水害が発生しています。昨年も 7 月 7 日、前日からの豪雨により芦北町吉尾地区や箙瀬地区の県道が冠水し、通行が出来なくなりました。

国土交通省は、ダム施設及び貯水池が適切に維持管理され、良好な状態に保持されているかなどを確認するため、瀬戸石ダムの定期検査を 2 年に一回行っています。その結果、15 年間 8 回連続「ダム湖の堆積土砂により洪水被害が発生する恐れがある」として「総合判定 A」（以下 A 判定）の判断を下し続けています。このように A 判定を受け続けているダムは瀬戸石ダム以外にないと国交省も認めています。日本一、最悪のダムが貴社の瀬戸石ダムなのです。A 判定を受け、貴社は堆砂処理計画を国交省に提出し、洪水被害を無くすために「昭和 56(1981)年相当河床」を目標に、土砂撤去工事を 2022 年度まで行うことにしていますが、昨年 9 月 27 日、熊本県・人吉市での貴社との交渉の席で、堆砂処理計画が計画通り実施されたとしても、道路の冠水被害は無くならないことが明らかになりました。

私たちは、これまで瀬戸石ダム湖周辺住民の聞き取り調査を行ってきました。複数の住民の証言や写真集の中にある瀬戸石ダム建設に伴う、住民の移転の様子を映した写真により、瀬戸石ダムのない頃の河床は、現在より少なくとも 4 m以上、下にあったということ

2020 年 9 月 11 日

国土交通大臣　赤羽 一嘉様
国土交通省九州地方整備局　局長　村山　一弥様
国土交通省 九州地方整備局 八代河川国道事務所所長　服部　洋佑様

瀬戸石ダムを撤去する会
共同代表　出水晃、上村雄一、緒方俊一郎、本田進
連絡先:〒869-0222 熊本県玉名市岱明町野口 927
TEL:080-3999-9928 FAX:020-4668-3744

瀬戸石ダム撤去を求める申し入れ書

2020 年 7 月 3 日から 4 日にかけて県南地域を襲った豪雨により、球磨川流域では大水害が発生し、瀬戸石ダム湖周辺の芦北町吉尾・箙瀬・白石地区、そして瀬戸石ダム自体にも、かつてない甚大な被害が発生しました。

吉尾地区は、球磨川との合流部（和田口）に近い高野旅館などのかさ上げ後の住宅が 1 階まで浸水しています。少し上流の吉尾温泉診療所や湧泉閣も浸水しています。かつてない程の大量の球磨川のバックウォーターと吉尾川自体の氾濫で、被害の拡大につながりました。

箙瀬地区は、球磨川に沿って走る県道球磨田浦線沿いの住宅数軒と JR 肥薩線のガードをくぐり、数メートル上がったところの住宅街の 2 つに分かれています。県道球磨田浦線沿いのかさ上げ後の住宅は 1 階の上の部分まで、浸かっています。ガードをくぐって数メートル上がったところの住宅街にも水は押し寄せました。こういう水害はかつてなかったと住民も言います。

箙瀬地区よりさらに上流の白石地区では、かさ上げ工事が完了した住宅街が床上浸水しています。

吉尾・箙瀬地区から、瀬戸石ダム方面に向かいますと、いたるところで町道や肥薩線の線路の路盤自体が流失・陥没していました。単に増水・冠水したということでは説明できない現象が起こっています。

瀬戸石ダムでは、連絡橋の 2 メートルくらい上のゲートの箇所まで流木などが引っ掛かっていました。一番水位が高かった時には、ゲート自体が障害となって水の流れを阻害していたことになります。もちろん連絡橋やゲート間のコンクリートの構造物（門柱）も全て、川の流れを阻害していたことになります。住民の証言によれば、ダムの上流側と下流側で水位が同じ高さだったそうです。とてつもない量の水が押し寄せ、ダムにせき止められ、その一部が下流に流れていったことになります。

瀬戸石ダムを管理運営する電源開発株式会社（以下電源開発）によると、3 日午前 5 時から、通常の発電運用における低水位より 3 メートル低い水位を維持しましたが、4 日午前 2 時過ぎには洪水量（ダム下流の地域、河川内の各種施設に大きな被害を及ぼさない流量：瀬戸石ダムは毎秒 2,000 トン）を超過し、その後過去に経験したことのない急激な流入量の増加となったとのことです。

が分かりました。水害を無くすには、ダム湖の水位を低下させ、河床をダムの無い頃の高さに下げる必要があります。貴社の目標とする「昭和 56(1981)年相当河床」では水害を無くすことは出来ません。

私たちは、このダム湖の堆砂問題に主に取り組んで来ましたが、ダムがある限り堆砂問題を解決することは出来ません。また、球磨川の治水対策上、中流域に球磨川の流れをせき止め、大量の水を溜め込み、水位上昇をもたらす構造物があるということは、大きな障害です。

球磨川や不知火海の再生にとって荒瀬ダム撤去の効果は、計り知れないものがあります。全く歩けなかった河口干潟は、砂が供給され始めるとともに、人が入れるようになり、多くの市民がアナジャコ捕りを楽しめるようになりました。稚魚の育つアマモ場は、荒瀬ダム撤去後、次第にその面積を広げています。そのことにより、イカやサヨリが卵を産み付け、えび、うなぎ、底モノと呼ばれる魚も増えています。ダムがあった時は、３０cmほどにしか伸びなかった天然の青ノリは、ゲート全開とともに伸びはじめ、すぐに１．５mほどに成長するようになり、今では３m～４m程に成長するようになっています。熊本県の調査でも、川の底生生物は荒瀬ダム撤去前と比較して 7 倍に増えたことが明らかになっています。清流と豊穣の海の復活はただの願望ではありません。この熊本で、実際に起こったことなのです。しかし、上流の瀬戸石ダムが存続している限り、その効果は徐々に失われつつあります。これらの問題を解決するには、もはや瀬戸石ダムの撤去しかありません。

貴社は、2018 年度の連結決算（2019 年 3 月期 決算短信）でも、売上高 8,973 億円、純利益 462 億円という莫大な利益を計上しています。そのような大企業が社会的な責任を全うせず、地域住民に弊害を押し付けたままの状態にすることは、許されることではありません。逆に、これらの利益の一部を、瀬戸石ダムの撤去費用に当て、瀬戸石ダムを撤去すれば、流域住民は大歓迎するでしょうし、地域の活性化にも大きく貢献できます。また、このことにより、貴社の社会的な評価が高まることは論を俟たないところです。

つきましては、貴社に下記の通り、申入れいたします。

記

申入事項

１．瀬戸石ダムを撤去すること。
２．１の撤去工事に着手するまでの間、ダム湖に堆積した土砂を全て撤去し、ダムの無い頃の河床にすること。
３．貴社によると芦北町の赤尼田仮置き場が今年度で満杯になる予定だが、そうなると貴社が行っている土砂撤去工事が行き詰る。早急に新しい仮置き場を見つけること。
４．水害常襲地帯である芦北町箙瀬地区の球磨川の左岸や川の中央部分の土砂を撤去すること。

以上

午前3時から4時頃に、洪水吐ゲートの下端が水面より離れ、流入水がそのまま流下する自然河川に近い状態へ移行し、その後も洪水吐ゲートの開操作を継続し、午前7時までに洪水吐ゲートを全開（フルオープン）し、流入水がそのまま流下する自然河川に近い状態で操作を終了したそうです。

上記のダムの運用により、ゲートが開放されたことで、瀬戸石ダム下流はダム湖からの放流で急激な水位上昇が起こったことは疑いようがありません。

また、ダムより上流部分では、過去になかった水量により、ダムにせき止められた水でダム湖の水位上昇が起き、バックウォーターの範囲が広まりました。このように、瀬戸石ダムの存在そのものが「洪水吐ゲート全開」によっても、下流域には急激な水位上昇による甚大な被害を、上流域には洪水の流下を妨げ水位上昇による甚大な被害をもたらす水害拡大要因となっていることは明らかです。

また、瀬戸石ダムの問題点として以前から指摘されていたダム湖の土砂堆積が更に水位を高くしていました。これらが積み重なって、ダム湖周辺地域やダムの下流域に未曽有の被害をもたらしました。

電源開発は瀬戸石ダム湖の土砂撤去工事を2003年から行っています。しかし、堆砂量は2003年度の60万立方メートルから2019年度の85万5千立方メートルと減るどころか、逆に増えています。電源開発は1981年当時の河床を目標とした土砂撤去工事を行っていると言いますが、目標に近づくどころか堆砂量は減少傾向を示していません。

このことは、この土砂撤去工事が貴省の定期検査による指摘を受けたことに対する見せかけの対策であり、全く実効性を伴っていないことを示しています。洪水を防ぐ効果は全くなかったと言わざるを得ません。

ちなみに、私たちが2019年に発見した故麦島勝氏撮影の写真（別紙資料参照）から、2016年12月18日時点までの電源開発による土砂撤去作業によっても、瀬戸石ダム建設以前に比べ堆積土砂により5メートル、河床が上昇していたと推定されます。「1981年当時の河床を目標とする」とされ続けられている根拠も不明といわざるを得ません。

問題なのは電源開発だけでなく、このような電源開発のあり方を放置してきた貴省もです。貴省は、ダム湖の堆砂によって洪水発生の恐れがあると指摘しながら、電源開発がおざなりの対応しかしてこなかったことを知りつつ、それを黙認・放置してきたからです。

私たちは、巨大な構造物が河川の中にある危険性をこれまで指摘してきましたが、残念ながらそういうダムの危険性が今回の水害で現実のものとなりました。もはや、瀬戸石ダムの再稼働を許すべきではありません。貴省には、危険な瀬戸石ダムを早急に撤去するよう電源開発を指導されますことを求めます。

以上

2020年10月20日

熊本県知事　蒲島　郁夫様

瀬戸石ダムを撤去する会

共同代表　出水　晃,上村　雄一,緒方 俊一郎,本田　進

連絡先〒869-0222 熊本県玉名市岱明町野口927 土森方

TEL:080-3999-9928 FAX:020-4668-3744

e-mail:tsuchi_tk@ybb.ne.jp

「ダム建設」よりも「ダム撤去」を求める要請書

貴職におかれましては、熊本県政の発展のためのご活躍の段、感謝申し上げます。

ご存じのように2020年7月3日から4日にかけて県南地域を襲った豪雨により、球磨川流域では大水害が発生し、瀬戸石ダム（以下ダム）湖周辺の球磨村神瀬地区、芦北町海路・吉尾・箙瀬・白石・小口・漆口地区にも、かつてない甚大な被害が発生しました。箙瀬地区では1名亡くなられ、小口地区には1名、いまだ行方不明の方がいらっしゃいます。

今回の水害の直接の原因は豪雨によってもたらされたものですが、ダム湖周辺地区の被害を見るにつけ、ダムの存在そのものが被害を拡大したという他ありません。

水害後のダムは、連絡橋の2メートルくらい上のゲートの箇所まで流木などが引っ掛かっていました。一番水位が高かった時には、ゲート自体が障害となって水の流れを阻害していたことになります。もちろん連絡橋やゲート間のコンクリートの構造物（円柱）も全て、川の流れを阻害していたことになります。私たちの調べでは、ダムの構造物自体が川の流れの3分の2をせき止めていたと思われます。

ダムを管理運営する電源開発株式会社（以下電源開発）によると、4日に入り、過去に経験したことのない急激な流入量の増加となり、午前7時までに洪水吐ゲートを全開（フルオープン）した状態で操作を終了したとのことです。電源開発は、「流入水がそのまま流下する自然河川に近い状態」などと言っていますが、ダムより上流部分では、これまでなかった水量により、ダムにせき止められた水でダム湖の水位上昇が起き、バックウォーターの範囲が広まりました。漆口地区までバックウォーターの被害があったという住民もいます。4日の朝のダムの写真を見れば明らかなように「自然河川に近い」などとは程遠い状態です。

このように、いくら「洪水吐ゲート全開」になっていたとしても、瀬戸石ダムの存在そのものが、洪水の流下を妨げ、水位上昇によって、上流域に甚大な被害をもたらしたことは明らかです。

また、ダムの問題点として以前から指摘されていたダム湖の土砂堆積が更に水位を高くしました。電源開発はダム湖の土砂撤去工事を2003年から行っています。しかし、堆砂量は2003年度の60万立方メートルから2019年度の85万5千立方メートルと減るどころか、逆に増えています。電源開発は1981年当時の河床を目標としていますが、目標に近づくどころか、目標から遠ざかるばかりです。このことは、この土砂撤去工事には、洪水を防ぐ効果は全くなかったことを意味しています。ちなみに、研究者の調べでは、ダム建設以前に比べ堆積土砂により5メートル以上、河床が上昇していたと推定されます。住民の聞き取り調査でも、川の水面がダムが出来る前に比べて5メートルから10メートルぐらい上がったという証言が得られています。

これらが積み重なって、ダム湖周辺地域に未曽有の被害をもたらしました。私たちは、巨大な構造物が河川の中にある危険性をこれまで指摘してきましたが、残念ながらそういうダムの危険性が今回の水害で現実のものとなりました。

川辺川ダムの建設費用は2004年時点で、3300億円でした（国土交通省内部文書）。荒瀬ダムの撤去工事費用は84億円です（熊本県企業局WEBサイト）。「令和2年7月球磨川豪雨検証委員会」（以下検証委）は2回の開催のみで、川辺川ダムが存在していれば人吉市の浸水被害を6割減らせたなどとするシミュレーション結果を発表し、終了しました。しかし、川辺川ダムを建設することで、球磨川流域の豪雨被害の犠牲者50名のうち、何

名を救えたのかははっきりしません。「瀬戸石ダムが無かったら土砂はたまることなく下流に流れていった。今回のような被害は出なかった」というダム湖周辺住民もいます。貴職は、今後の球磨川の治水対策には「あらゆる選択肢を排除せず検討する」と発言されています。そういうのなら、効果がはっきりせず巨額の事業費がかかる「ダム建設」ではなく、効果がはっきりと表れ、ダム建設より遥かに低額の費用で実施できる「ダム撤去」を検討すべきではないでしょうか。貴職におかれましては、今回の瀬戸石ダム湖周辺地区の水害の検証および瀬戸石ダムが無かった場合のシミュレーションを国土交通省と電源開発に求められますよう、お願いいたします。

以上

2020年12月7日

電源開発株式会社　代表取締役社長　渡部　肇史　様

瀬戸石ダムを撤去する会

共同代表　出水　晃,上村　雄一,緒方　俊一郎,本田　進

連絡先〒869-0222 熊本県玉名市岱明町野口927 土森方

TEL:080-3999-9928 FAX:020-4668-3744

e-mail:tsuchi_tk@ybb.ne.jp

理由なき回答延期に対する抗議文

当会は、2020年6月22日付け、2020年10月8日付けの2通の質問書を貴社に送付しました。それぞれ、回答期限を過ぎているにもかかわらず、貴社は延期の理由の説明もなく、回答することを拒否しています。当会は、貴社のこの説明責任を果たそうとしない姿勢に対して、強く抗議します。

当会は、7月4日の豪雨被害発生後、国土交通省や熊本県に対して、瀬戸石ダムの存在がダム湖周辺地域の被害を拡大したことを、当会が収集したデータ・資料・証言を基に明らかにし、危険な瀬戸石ダムは撤去すべきであると訴えてきました。

またダム自体の危険性もさることながら、ダム湖の堆砂について国交省から洪水発生の危険性があると何度も指摘されながら、おざなりの土砂撤去工事しか行わず、大半の土砂はダム湖に残ったままの状態で、今年の犠牲者を含む浸水被害を発生させたことは貴社の企業姿勢がもたらしたものであり、人災というしかありません。

貴社は、これまでダム湖周辺地区の住民の住宅のかさ上げ工事費用の負担をするなどダムの存在が冠水被害を引き起こしていることを認めています。今回も同様であり、被災住民に謝罪と補償をすべきです。

回答の理由なき延期は認められません。早急に回答すべきです。ここまで回答を引き延ばす企業姿勢に改めて抗議します。貴社の企業理念の「信条」には、「誠実と誇りを、すべての企業活動の原点とする」「環境との調和をはかり、地域の信頼に生きる」とありますが、貴社が豪雨被害発生後、見せている姿勢には、「誠実」のかけらもなく、これでは「地域の信頼に生きる」ことなど、無理であることを指摘しておきます。

以上

資料3　球磨川関係年表

熊本県知事による川辺川ダム白紙撤回表明（2008 年 9 月 11 日）以降の住民の動き（2021 年 3 月末現在）

日付		申し入れ・要請内容等	申し入れ・要請先	実行主体
2008年	9 月 17 日	川辺川ダムによらない球磨川水系の治水対策や五木村の基盤整備・振興策を実行するよう要請書を送付	総理大臣	子守唄の里・五木を育む清流川辺川を守る県民の会など 52 の団体
	9 月 17 日	住民が提示する治水案を検討し、住民参加型の河川整備計画作りに着手するし、球磨川水系の現状把握の現地調査をすることを求める要請書を送付	国土交通省	子守唄の里・五木を育む清流川辺川を守る県民の会
	10 月 8 日	「速やかな代替案の提示」を求める要望書を送付	国土交通省	子守唄の里・五木を育む清流川辺川を守る県民の会など 6 団体
	10 月 9 日	球磨川や川辺川の治水案を県に提言し、この提言を基に治水を検討することを求める要請書を提出	熊本県	子守唄の里・五木を育む清流川辺川を守る県民の会など 6 団体
	11 月 17 日	荒瀬ダムに関して、「県の最終的な報告書には第三者の客観的な検証が必要」などとする公開質問状を提出	熊本県	子守唄の里・五木を育む清流川辺川を守る県民の会
	11 月 25 日	「荒瀬ダム撤去を実現する県民大集会」（11 月 22 日開催）宣言文を提出。撤去を求める 1 万 8000 人の署名もあわせて提出	熊本県	集会実行委員会
	11 月 25 日	荒瀬ダムに関して「国が水利権を更新するかしないか判断する。時には地元住民からの意見も十分考えて検討して欲しい」とする要望書を提出	国土交通省	旧坂本村の元村長や議員
	11 月 26 日	荒瀬ダム存続方針に抗議	熊本県	荒瀬ダムの撤去を求める会など
	12 月 3 日	ダム存続の費用の見直しを求め荒瀬ダム撤去を反故にしていいのかという申し入れ	熊本県	子守唄の里・五木を育む清流川辺川を守る県民の会
	12 月 8 日	荒瀬ダム存続再考を求める要請書	自民党熊本県連	子守唄の里・五木を育む清流川辺川を守る県民の会
	12 月 9 日	ダム案を完全に排除した上で、住民側専門家を加え議論を公開するダムによらない治水の検討を行なうよう求める意見書を提出	熊本県	子守唄の里・五木を育む清流川辺川を守る県民の会など 7 団体
	12 月 9 日	自然の営みを重視した総合治水対策を求める意見書を提出	熊本県	清流球磨川・川辺川を未来に手渡す流域郡市民の会など 2 団体
	12 月 16 日	荒瀬ダムについて、住民や学識経験者らによる存廃を検討する協議会を設置し、撤去の可能性を追求するよう要望書を提出	熊本県	荒瀬ダムの撤去を求める会など 11 団体
	12 月 17 日	五木村の生活関連事業の予算執行凍結問題で関連事業は継続すべきだとする抗議文を提出	国土交通省	子守唄の里・五木を育む清流川辺川を守る県民の会など 2 団体
2009年	2 月 10 日	ダムによらない治水方法を研究している有識者を「ダムによらない治水を検討する場」に出席させ、水害被害者の生の声を取り上げることなどを求める要望書を提出・送付	熊本県、国土交通省	清流球磨川・川辺川を未来に手渡す流域郡市民の会など 2 団体
	4 月 21 日	荒瀬ダム撤去を求める申し入れ	熊本県	旧坂本村の住民など
	6 月 1 日	公害総行動国交省交渉の場で川辺川ダム問題に関する要請書を提出	国土交通省	子守唄の里・五木を育む清流川辺川を守る県民の会
	6 月 3 日	ダムなしの治水対策を求める要望書を提出	国土交通省、熊本県	子守唄の里・五木を育む清流川辺川を守る県民の会など 7 団体
	6 月 4 日	荒瀬ダムの水利権の更新を行わないよう求める要望書を提出	国土交通省	荒瀬ダムの撤去を求める会
	6 月 12 日	荒瀬ダム存続決定後の対応についての説明会開催を求める要請	熊本県	美しい球磨川を守る市民の会など 4 団体

日付		申し入れ・要請内容等	申し入れ・要請先	実行主体
2009年	7月2日	「ダムによらない治水を検討する場」に関して、堤防決壊の危険性をあおるシミュレーションを提示するのではなく、危険個所の堤防強化などに緊急に取り組むべきとする要望書を提出	国土交通省、熊本県	子守唄の里・五木を育む清流川辺川を守る県民の会など7団体
	7月16日	ダムを建設しないと明言することなどを求め、掘削や堤防の改修など早急な治水対策も求める要望書を提出	国土交通省	球磨川大水害体験者の会など
	9月7日	荒瀬ダム撤去の早期実現を要望する文書を提出	八代市	美しい球磨川を守る市民の会
	9月11日	政権交代を踏まえた川辺川ダムの完全中止・荒瀬ダム撤去を求める要望書を提出	熊本県	子守唄の里・五木を育む清流川辺川を守る県民の会など54団体
	9月11日	知事の川辺川ダム白紙撤回1周年を迎え、ダム無し治水進展なしの状況を受け「ダムなしの球磨川水系基本整備計画」を策定することを求める要望書を提出	熊本県	子守唄の里・五木を育む清流川辺川を守る県民の会
	9月11日	荒瀬ダム水利権更新手続きに入らないことを求める要望書を提出	熊本県	荒瀬ダムの撤去を求める会など10団体
	11月14日	荒瀬ダム撤去への国の補助金支出などを求める要望書を提出（八代市での川辺川ダム中止・荒瀬ダム撤去を実現する県民大集会で各党国会議員に手渡し）	民主党、社会民主党、共産党	川辺川ダム中止・荒瀬ダム撤去を実現する県民大集会実行委員会
	11月18日	11月14日、八代市での川辺川ダム中止・荒瀬ダム撤去を実現する県民大集会開催を受けて、ダムによらない治水の実現と荒瀬ダム水利権更新をおこなわないこと求める要望書と同集会宣言文を提出	熊本県	川辺川ダム中止・荒瀬ダム撤去を実現する県民大集会実行委員会
	11月26日	国交省がダムによらない治水代替案を提案した理由説明を求め、市房ダム再開発を代替案から除外するなど、6項目を求める意見書を提出	熊本県、国土交通省	子守唄の里・五木を育む清流川辺川を守る県民の会など7団体
	11月29日	荒瀬ダム撤去に関する要望書を提出	民主党（当時）	八代市及び八代市坂本町メンバー
	12月25日	地元同意を得ないままでの荒瀬ダムの水利権更新の手続きをしないことなどを求める要望書を提出	熊本県	荒瀬ダム撤去を求める熊本県議員連盟
2010年	1月8日	地元同意を得ないままでの荒瀬ダムの水利権更新するとの知事発言への抗議文提出	熊本県	荒瀬ダム撤去を求める会など7団体
	1月12日	熊本県が行う荒瀬ダムの水利権の申請を受理しないことなどを申し入れ	国土交通省	前坂本村議会議員と町民有志の会、球磨川漁協
	1月28日	熊本知事に対し積極的に地元住民の意向を届け、存続の断念をするよう伝えることなどを求める要望書提出	八代市	荒瀬ダムの撤去を願う会など6団体
	2月1日	荒瀬ダム存続方針を撤回し、荒瀬ダム撤去を確約し、撤去計画を策定することを求める申し入れ書提出	熊本県	荒瀬ダム撤去を求める会など6団体
	2月18日	第6回「ダムによらない治水を検討する場」に関して、ダムなしの自然の営みを重視した球磨川水系の再生と水害防止対策を求める要望書・意見書を提出	国土交通省、熊本県	子守唄の里・五木を育む清流川辺川を守る県民の会など7団体
	2月23日	2年間の荒瀬ダム水利権申請を行わないことなどを求める申し入れ書を提出	熊本県	荒瀬ダム撤去を求める熊本県議員連盟
	2月26日	荒瀬ダム水利権更新の許可をしないよう申し入れ	国土交通省	やつしろ川漁師組合など11団体
	3月4日	熊本県が申請した荒瀬ダム水利権の審査に地域住民の意見も取り入れるよう求める要望書を提出	国土交通省	前坂本村議会議員と町民有志の会、荒瀬ダムの撤去を求める会
	3月4日	熊本県が申請した荒瀬ダム水利権の審査に関して、地域住民を意見徴収の対象者と認めてもらうことと今回の申請を許可しないよう求める意見書提出	国土交通省	前坂本村議会議員と町民有志の会、荒瀬ダムの撤去を求める会

	日付	申し入れ・要請内容等	申し入れ・要請先	実行主体
2010年	3月11日	荒瀬ダムの水利権の許可申請を取り下げることを求める申し入れ書を提出	熊本県	荒瀬ダム撤去を求める会など5団体
	4月27日	第7回「ダムによらない治水を検討する場」に関して球磨川水系における治水対策の基本的な考え方に対する意見書を提出	国土交通省、熊本県	子守唄の里・五木を育む清流川辺川を守る県民の会など7団体
	4月28日	地元住民の意見を撤去計画に反映させることなどを求める要望書を提出	熊本県	荒瀬ダムの撤去を求める会など3団体
	5月10日	荒瀬ダムゲートの全開で球磨川の水位が下がったことによる周辺地域の井戸枯れ問題など、地域の不安に対応するよう申し入れ	熊本県	荒瀬ダム撤去を求める熊本県議員連盟
	5月30日	荒瀬ダム撤去への財政支援を求める要請書	国土交通省	荒瀬ダム撤去を求める熊本県議員連盟
	6月2日	未解決の水害問題解決のための話し合いの場を設け、熊本県が設置する地域対策協議会代表参加を求める要望書を提出	八代市	荒瀬ダム水害を見直す会
	6月3日	公害総行動国交省交渉の場で川辺川ダム計画の正式中止、五木村など水没地予定地の生活再建の特別立法、球磨川の環境に配慮したダムによらない洪水対策を求める要請書を提出	国土交通省	子守唄の里・五木を育む清流川辺川を守る県民の会
	7月7日	荒瀬ダムの撤去開始が2年後とされていることに対し、なぜすぐ撤去できないのかという公開質問状を提出	熊本県	荒瀬ダムの撤去を求める会など5団体
	7月22日	荒瀬ダムと同時に藤本発電所も撤去するよう求める要望書を提出	熊本県	坂本町住民ら7名
	8月3日	ダムによらない治水策を検討している国土交通省の有識者会議がまとめた中間案に対し、見直しを求める意見書を送付	国土交通省	清流球磨川・川辺川を未来に手渡す流域郡市民の会
	10月13日	環境に配慮した治水を求める意見書提出	国土交通省、熊本県	子守唄の里・五木を育む清流川辺川を守る県民の会など7団体
	12月14日	五木ダム中止を求める要望書を提出	国土交通省、熊本県	子守唄の里・五木を育む清流川辺川を守る県民の会など3団体
2011年	2月17日	ダムが球磨川を破壊することは明らかとして五木ダム建設の即時中止、関連工事で破壊した里山の早期再生を求める要請書を提出	熊本県	子守唄の里・五木を育む清流川辺川を守る県民の会など7団体
	2月23日	荒瀬ダム撤去に関する地域対策協議会に対する申し入れ	八代市	荒瀬ダムの撤去を求める会
	2月23日	荒瀬ダム撤去に関する地域対策協議会に対する申し入れ	熊本県	荒瀬ダムの撤去を求める会
	3月30日	五木ダム・路木ダム・立野ダム予算を東日本大震災の復興に回すことを求める要望書提出	熊本県	子守唄の里・五木を育む清流川辺川を守る県民の会など9団体
	6月1日	公害総行動国交省交渉の場で五木村の生活再建に向けた特措法の早期制定を求める要請書を提出	国土交通省	子守唄の里・五木を育む清流川辺川を守る県民の会
	8月8日	五木ダム建設中止に関してダムによらない治水を求める要請書を提出	熊本県	子守唄の里・五木を育む清流川辺川を守る県民の会など8団体
	11月4日	五木ダム中止の最終決断を求める要望書を提出	熊本県	子守唄の里・五木を育む清流川辺川を守る県民の会など8団体
2012年	3月12日	ダムによらない球磨川流域の治水対策に関する要望書を提出	熊本県	子守唄の里・五木を育む清流川辺川を守る県民の会など8団体
	6月5日	公害総行動国交省交渉の場でダム中止に伴う地元の生活再建を支援する特措法の早期成立を求める要請書を提出	国土交通省	子守唄の里・五木を育む清流川辺川を守る県民の会
	8月2日	2012年7月12日の豪雨被害の原因と対策に関する意見書を提出	国土交通省	清流球磨川・川辺川を未来に手渡す流域郡市民の会

	日付	申し入れ・要請内容等	申し入れ・要請先	実行主体
2013年	5月23日	瀬戸石ダムの撤去に向けて動くよう要望	熊本県	豊かな球磨川をとりもどす会
	6月4日	瀬戸石ダム撤去に向け熊本県への働きかけ要請	八代市	豊かな球磨川をとりもどす会
	6月6日	公害総行動国交省交渉の場で立野ダム中止と、川辺川ダム事業中止に伴い地元の生活再建を支援する特別措置法案（廃案）の再検討を求める要請書を提出	国土交通省	子守唄の里・五木を育む清流川辺川を守る県民の会
	7月16日	瀬戸石ダム撤去を求める要望書を提出	国土交通省、熊本県	子守唄の里・五木を育む清流川辺川を守る県民の会など6団体
	8月19日	瀬戸石ダムの水利権申請を許可せず、電源開発からの撤去や撤去費用の相談に応じることを求める要請書を提出	国土交通省	子守唄の里・五木を育む清流川辺川を守る県民の会など4団体
	8月19日	瀬戸石ダムの水利権申請を認めない意向を示すことを求める要請書を提出	熊本県	子守唄の里・五木を育む清流川辺川を守る県民の会など4団体
	8月19日	瀬戸石ダムの水利権申請はしないよう求める要請書を提出	電源開発株式会社	子守唄の里・五木を育む清流川辺川を守る県民の会など4団体
	9月24日	瀬戸石ダム問題に関する芦北町長への要請	芦北町	瀬戸石ダム撤去を求める連絡協議会（9団体で構成）
	9月26日	瀬戸石ダム問題に関する人吉市長への要請	人吉市	瀬戸石ダム撤去を求める連絡協議会
	10月3日	瀬戸石ダムの水利権更新を認めないよう求める要請書を提出・交渉	国土交通省	豊かな球磨川をとりもどす会
	10月4日	瀬戸石ダム問題に関する要請	八代市	瀬戸石ダム撤去を求める連絡協議会
	11月1日	瀬戸石ダム問題に関する要請	球磨村	瀬戸石ダム撤去を求める連絡協議会
	11月13日	瀬戸石ダム水利権更新の不許可とダムの撤去を国に働きかけることを求める要請書を提出。	熊本県	瀬戸石ダム撤去を求める連絡協議会
	11月25日	「球磨川は宝瀬戸石ダムはいらん！住民大集会」（11月24日開催）の宣言文提出	国土交通省、熊本県、電源開発株式会社	瀬戸石ダム撤去を求める連絡協議会
	12月2日	瀬戸石ダムの水利権更新問題についての公開質問状を提出	熊本県	子守唄の里・五木を育む清流川辺川を守る県民の会
	12月2日	瀬戸石ダムの水利権更新問題についての公開質問状を提出	国土交通省	子守唄の里・五木を育む清流川辺川を守る県民の会
	12月6日	質問書を提出	電源開発株式会社	瀬戸石ダム撤去を求める連絡協議会
	12月6日	瀬戸石ダム水利権更新申請に対する抗議文提出	電源開発株式会社	瀬戸石ダム撤去を求める連絡協議会
	12月13日	瀬戸石ダム問題での要請	熊本県	瀬戸石ダム撤去を求める連絡協議会
	12月13日	瀬戸石ダム問題での要請	国土交通省	瀬戸石ダム撤去を求める連絡協議会
	12月17日	電源開発の瀬戸石ダムの水利権更新の手続きの中断を求める要望書を提出	国土交通省	瀬戸石ダム撤去を求める連絡協議会
2014年	1月20日	芦北町・球磨村で集めたダム周辺の住民94人が水利権更新に反対する署名を提出	熊本県	瀬戸石ダム撤去を求める連絡協議会
	1月24日	安全面から見た瀬戸石ダム撤去を求める提言書を提出	熊本県	瀬戸石ダム撤去を求める連絡協議会（11団体で構成）
	2月3日	瀬戸石ダム撤去を求める住民大集会（2月1日に開催）の宣言文を提出	熊本県	瀬戸石ダム撤去を求める連絡協議会
	2月10日	瀬戸石ダム問題県知事意見に関する要請書を提出	熊本県	子守唄の里・五木を育む清流川辺川を守る県民の会など52の団体
	2月13日	瀬戸石ダムの水利権更新について、「支障なし」との意見を出したことに対する抗議文を提出	熊本県	瀬戸石ダム撤去を求める連絡協議会（10団体で構成）
	2月13日	瀬戸石ダムの水利権の更新申請を許可したことに対する抗議文を提出	国土交通省	瀬戸石ダム撤去を求める連絡協議会
	2月25日	瀬戸石ダムの水利権の更新を撤回し、直ちに瀬戸石ダムの撤去を求める要望書を提出	国土交通省	瀬戸石ダムを撤去する会
	2月25日	瀬戸石ダムの水利権の更新に際し、県知事が出した意見に対する説明責任を求める要望書を提出	熊本県	瀬戸石ダムを撤去する会

日付		申し入れ・要請内容等	申し入れ・要請先	実行主体
2014年	4月11日	「ダムによらない治水を検討する場」へ瀬戸石ダム撤去を求める要望書提出	国土交通省、熊本県	清流球磨川・川辺川を未来に手渡す流域郡市民の会など２団体
	6月3日	公害総行動国交省交渉の場で県内のダム問題に関する要請書を提出	国土交通省	子守唄の里・五木を育む清流川辺川を守る県民の会
	10月10日	瀬戸石ダム問題に関する電源開発への質問状提出	電源開発株式会社	瀬戸石ダムを撤去する会
	10月29日	豊かな球磨川を取り戻し、命を守る防災を実現させるための要望書を提出	国土交通省、熊本県	清流球磨川・川辺川を未来に手渡す流域郡市民の会など２団体
2015年	2月5日	2014年10月28日付け回答に対する再質問書提出・交渉	電源開発株式会社	瀬戸石ダムを撤去する会
	3月4日	自然の恵み豊かな球磨川水系の再生と流域の防災・安全対策に関する意見書を提出	国土交通省、熊本県	子守唄の里・五木を育む清流川辺川を守る県民の会など２団体
	3月20日	瀬戸石ダム定期検査についての質問・要望書提出	国土交通省	瀬戸石ダムを撤去する会
	4月27日	再々質問書を送付	電源開発株式会社	瀬戸石ダムを撤去する会
	5月21日	ダムによらない治水の早期実現を求める要請書を提出	人吉市	清流球磨川・川辺川を未来に手渡す流域郡市民の会など３団体
	6月3日	公害総行動国交省交渉の場で県内のダム問題に関する要請書を提出・交渉	国土交通省	子守唄の里・五木を育む清流川辺川を守る県民の会
	6月26日	瀬戸石ダム問題に関する質問書に対する回答・交渉	国土交通省	瀬戸石ダムを撤去する会
	7月8日	情報開示依頼及び堆砂処理計画説明会開催依頼文書を送付	電源開発株式会社	瀬戸石ダムを撤去する会
	8月12日	「球磨川治水対策協議会」に関してダム無し治水を求める要請書・意見書を提出	国土交通省、熊本県	子守唄の里・五木を育む清流川辺川を守る県民の会など２団体
	8月20日	電源開発による堆砂処理計画の抜本的な見直しと再提出を求める要望書を提出	国土交通省	瀬戸石ダムを撤去する会
	9月9日	堆砂問題・堆砂処理計画への再質問書を提出	電源開発株式会社	瀬戸石ダムを撤去する会
	10月8日	瀬戸石ダムの定期検査「A判定」に伴い電源開発に対して「堆砂処理計画」の抜本的見直しと住民に対して説明責任を果たすことを求める要望書を提出	国土交通省	瀬戸石ダムを撤去する会
	11月9日	瀬戸石ダムの定期検査の結果を真摯に受け止め、「ダム湖の堆積土砂により洪水被害が発生しない」抜本的な対策を求める申し入れ書を提出	電源開発株式会社	瀬戸石ダムを撤去する会
2016年	1月18日	「球磨川治水対策協議会」に関する熊本県知事への抗議文・要請書提出	国土交通省、熊本県	子守唄の里・五木を育む清流川辺川を守る県民の会など２団体
	2月2日	球磨川治水対策協議会「第１回整備局長・知事・市町村長会議」開催通知に関する抗議文を提出	国土交通省、熊本県	子守唄の里・五木を育む清流川辺川を守る県民の会など２団体
	4月12日	瀬戸石ダムの定期検査、堆砂除去工事についての要望ならびに質問書を提出	電源開発株式会社	瀬戸石ダムを撤去する会
	4月20日	瀬戸石ダム湖の土砂撤去工事についての要請・質問書を提出	国土交通省	瀬戸石ダムを撤去する会
	6月1日	公害総行動国交省交渉の場で県内のダム問題に関する要請書を提出	国土交通省	子守唄の里・五木を育む清流川辺川を守る県民の会
	7月20日	瀬戸石ダム問題での定期検査・堆砂除去工事についての交渉	電源開発株式会社	瀬戸石ダムを撤去する会
	8月4日	瀬戸石ダム湖の土砂撤去工事についての交渉	国土交通省	瀬戸石ダムを撤去する会
2017年	1月11日	瀬戸石ダム湖の土砂撤去工事についての要請書を提出	国土交通省	瀬戸石ダムを撤去する会
	1月18日	瀬戸石ダム湖の土砂撤去工事についての要請書を提出・交渉	電源開発株式会社	瀬戸石ダムを撤去する会
	1月20日	球磨川治水対策協議会パブリックコメントに関する意見書と抗議文を提出	国土交通省、熊本県	子守唄の里・五木を育む清流川辺川を守る県民の会など２団体

日付		申し入れ・要請内容等	申し入れ・要請先	実行主体
2017年	4月13日	瀬戸石ダムの堆砂問題に関する住民聞き取り結果についての要請書を送付	電源開発株式会社	瀬戸石ダムを撤去する会
	4月18日	球磨川水系洪水想定区域の説明会開催についての要望書提出	国土交通省	美しい球磨川を守る市民の会
	4月19日	瀬戸石ダム湖周辺住民の聞き取り調査を受け堆砂問題についての要請書提出	国土交通省	瀬戸石ダムを撤去する会
	4月20日	瀬戸石ダムの堆砂問題に関する住民聞き取り結果について交渉	電源開発株式会社	瀬戸石ダムを撤去する会
	5月18日	市房ダムに関する意見書を提出	国土交通省、熊本県	清流球磨川・川辺川を未来に手渡す流域郡市民の会など2団体
	5月18日	球磨川・川辺川流域の山の荒廃を無視した治水対策案に対する意見書を提出	国土交通省、熊本県	清流球磨川・川辺川を未来に手渡す流域郡市民の会など2団体
	5月18日	想定最大規模降雨による洪水浸水想定区域図公表に関する意見書を提出	国土交通省	子守唄の里・五木を育む清流川辺川を守る県民の会など3団体
	6月2日	瀬戸石ダムの堆砂問題についての要請	芦北町	瀬戸石ダムを撤去する会
	6月7日	公害総行動での熊本のダム問題についての要請・交渉	国土交通省	子守唄の里・五木を育む清流川辺川を守る県民の会
	6月8日	2016年度堆砂量開示を受け、瀬戸石ダムの堆砂問題についての要請書を提出	国土交通省	瀬戸石ダムを撤去する会
	8月28日	九州北部豪雨の教訓を生かし、瀬戸石ダムの安全性を強めることを求める要望書を提出	国土交通省	瀬戸石ダムを撤去する会
	11月17日	瀬戸石ダムの定期検査結果を受けての要請書を提出	国土交通省	瀬戸石ダムを撤去する会
	11月23日	瀬戸石ダムの定期検査結果についての申し入れ書を送付	電源開発株式会社	瀬戸石ダムを撤去する会
2018年	1月29日	瀬戸石ダムの定期検査に関する質問書を送付。	電源開発株式会社	瀬戸石ダムを撤去する会
	4月3日	2月16日付け回答への再質問書を送付	電源開発株式会社	瀬戸石ダムを撤去する会
	4月16日	第八回球磨川治水対策協議会に対する意見書を提出	国土交通省、熊本県	子守唄の里・五木を育む清流川辺川を守る県民の会など2団体
	5月28日	瀬戸石ダムの堆砂問題についての質問書を提出	国土交通省	瀬戸石ダムを撤去する会
	6月6日	熊本県内の治水・ダム問題についての要請書を提出・交渉	国土交通省	子守唄の里・五木を育む清流川辺川を守る県民の会
	6月8日	5月28日付けで提出した質問書の回答を巡る交渉	国土交通省	瀬戸石ダムを撤去する会
	7月16日	再質問書及び交渉の日程調整依頼書を送付	電源開発株式会社	瀬戸石ダムを撤去する会
	7月27日	瀬戸石ダム湖の堆砂問題について交渉	国土交通省	瀬戸石ダムを撤去する会
	7月27日	瀬戸石ダム湖の土砂の仮置き場問題について電源開発への厳しい指導を求める要請書を提出	国土交通省	瀬戸石ダムを撤去する会
	9月27日	瀬戸石ダム問題に関する質問書の回答を受けての電源開発との交渉	電源開発株式会社	瀬戸石ダムを撤去する会
	10月15日	瀬戸石ダム問題での電源開発との交渉結果を受けての要請書送付	芦北町	瀬戸石ダムを撤去する会
	10月19日	瀬戸石ダム問題電源開発との交渉結果を受けての吉尾川の土砂撤去を強く求める要請書提出	国土交通省	瀬戸石ダムを撤去する会
	12月19日	瀬戸石ダム問題ダム湖視察結果を受けての要請書を提出	国土交通省	瀬戸石ダムを撤去する会
2019年	3月19日	瀬戸石ダム問題吉尾川の更なる土砂撤去を求める要請書を提出	熊本県	瀬戸石ダムを撤去する会
	4月1日	瀬戸石ダム問題再質問書の送付	電源開発株式会社	瀬戸石ダムを撤去する会
	5月14日	荒瀬ダム撤去の成果を原点にした防災対策協議会に切り替えることを望む意見書を提出	国土交通省、熊本県	清流球磨川・川辺川を未来に手渡す流域郡市民の会など2団体
	5月20日	瀬戸石ダム堆砂問題に関する要請書の提出	国土交通省	瀬戸石ダムを撤去する会
	6月4日	瀬戸石ダム問題申し入れ書を提出・交渉	電源開発株式会社	瀬戸石ダムを撤去する会

	日付	申し入れ・要請内容等	申し入れ・要請先	実行主体
2019年	6月5日	熊本県内の治水・ダム問題についての要請書を提出・交渉	国土交通省	子守唄の里・五木を育む清流川辺川を守る県民の会
	8月26日	瀬戸石ダム問題下流調査結果を受けての要請書を提出	国土交通省	瀬戸石ダムを撤去する会
	9月17日	球磨川治水対策協議会での検討内容等に関する要請書を提出	国土交通省、熊本県	子守唄の里・五木を育む清流川辺川を守る県民の会
	12月20日	瀬戸石ダム問題芦北町箙瀬地区の県道かさ上げ工事費用の負担を電源開発に求める要請書を提出	熊本県	瀬戸石ダムを撤去する会
2020年	2月19日	瀬戸石ダム問題に関する質問書を提出	電源開発株式会社	瀬戸石ダムを撤去する会
	4月2日	瀬戸石ダム問題に関する質問書を提出	電源開発株式会社	瀬戸石ダムを撤去する会
	4月16日	電源開発が県道かさ上げ工事費用負担を拒否した件に関する要請書を提出	国土交通省	瀬戸石ダムを撤去する会
	5月29日	県道かさ上げ工事費用の負担をめぐる電源開発との交渉	電源開発株式会社	瀬戸石ダムを撤去する会
	6月22日	瀬戸石ダム問題についての質問・要請書を提出	電源開発株式会社	瀬戸石ダムを撤去する会
	8月31日	「第1回球磨川豪雨検証委員会に対する抗議と提言」の提出と申し入れ	国土交通省、熊本県、流域自治体	子守唄の里・五木を育む清流川辺川を守る県民の会など3団体
	9月10日	五木村振興策に関する意見書の提出	熊本県	子守唄の里・五木を育む清流川辺川を守る県民の会など2団体
	9月11日	瀬戸石ダム撤去を求める申し入れ書を提出	国土交通省	瀬戸石ダムを撤去する会
	9月23日	球磨川治水「民意を問う」際の要請書を提出	熊本県、流域自治体	子守唄の里・五木を育む清流川辺川を守る県民の会など3団体
	9月25日	川辺川ダム建設促進協議会決議並びに県知事要望への抗議文提出	川辺川ダム建設促進協議会	子守唄の里・五木を育む清流川辺川を守る県民の会など2団体
	10月1日	球磨川の治水対策を考える検証委員会に対し、被災者の声を反映させるよう申し入れ	熊本県	7.4 球磨川流域豪雨被災者・賛同者の会
	10月8日	7.4 球磨川流域豪雨被害に関する質問書を送付	電源開発株式会社	瀬戸石ダムを撤去する会
	10月12日	球磨川豪雨検証委員会に関する公開質問状の提出	熊本県、国土交通省、流域自治体	子守唄の里・五木を育む清流川辺川を守る県民の会など3団体
	10月14日	瀬戸石ダムが起こした水害の検証を求める要請書を提出	芦北町	瀬戸石ダムを撤去する会
	10月15日	「令和2年7月球磨川豪雨検証委員会」やダム問題に関する申し入れ	川辺川ダム建設促進協議会	清流球磨川・川辺川を未来に手渡す流域郡市民の会など3団体
	10月16日	「住民の皆様の御意見・御提案をお聴きする会」に関する抗議文を提出	熊本県	清流球磨川・川辺川を未来に手渡す流域郡市民の会など3団体
	10月20日	7.4 球磨川流域豪雨被害に関する要請書を提出	熊本県	子守唄の里・五木を育む清流川辺川を守る県民の会など4団体
	10月26日	球磨川流域治水協議会に関する要請書を提出	熊本県、流域自治体	清流球磨川・川辺川を未来に手渡す流域郡市民の会など3団体
	10月26日	球磨川流域治水協議会に関する抗議文を提出	国土交通省	清流球磨川・川辺川を未来に手渡す流域郡市民の会など3団体
	11月9日	球磨川の治水協議に関する要請書を提出	熊本県、流域自治体	清流球磨川・川辺川を未来に手渡す流域郡市民の会など3団体
	11月9日	球磨川の治水協議に関する抗議と公開質問書（追加）を提出	国土交通省	清流球磨川・川辺川を未来に手渡す流域郡市民の会など3団体
	11月12日	瀬戸石ダム撤去を再び求める申し入れ書を提出	国土交通省	瀬戸石ダムを撤去する会
	11月13日	川辺川ダム容認方針に対する抗議文を提出	熊本県	清流球磨川・川辺川を未来に手渡す流域郡市民の会など3団体
	11月25日	集会「川辺川ダムでは命も清流も守れない 7.4 球磨川水系大水害を考える県民集会球磨川・川辺川はみんなの宝！」（11月22日開催）アピール文提出	熊本県	集会実行委員会

	日付	申し入れ・要請内容等	申し入れ・要請先	実行主体
2020年	12月7日	理由なき回答延期に対する抗議文を送付	電源開発株式会社	瀬戸石ダムを撤去する会
	12月11日	県議会答弁に関する抗議文を提出	熊本県	清流球磨川・川辺川を未来に手渡す流域郡市民の会など3団体
2021年	1月5日	球磨川流域治水協議会に関する意見書を提出	熊本県、国土交通省、流域自治体、気象庁、農林水産省、林野庁	清流球磨川・川辺川を未来に手渡す流域郡市民の会など3団体
	1月28日	球磨川に溜まった土砂の撤去に関する要請書を提出	人吉市、熊本県	7.4球磨川流域豪雨被災者・賛同者の会など2団体
	2月15日	球磨川流域治水協議会への意見書その2提出	熊本県、国土交通省、流域自治体、気象庁、農林水産省、林野庁	清流球磨川・川辺川を未来に手渡す流域郡市民の会など3団体
	2月19日	瀬戸石ダム問題抗議並びに水利権更新条件変更に関する申し入れ書を提出	国土交通省	瀬戸石ダムを撤去する会
	3月8日	球磨川「流域治水」に関する新聞広告への抗議文を提出	熊本県	清流球磨川・川辺川を未来に手渡す流域郡市民の会など3団体

編者　「7.4 球磨川豪雨災害はなぜ起こったのか」編集委員会

連絡先
子守唄の里・五木を育む清流川辺川を守る県民の会
〒 860-0073　熊本市西区島崎 4-5-13
電話：090-2505-3880

NPO 法人くまもと地域自治体研究所
〒 862-0954　熊本市中央区神水 1-30-7 コモンン神水内
電話：096-383-3531

監修　中島熙八郎（くまもと地域自治体研究所理事長・京大工博）

7.4球磨川豪雨災害はなぜ起こったのか
――ダムにこだわる国・県の無作為が住民の命を奪った

2021年６月10日　初版第１刷発行

編者 ――――――― 「7.4球磨川豪雨災害はなぜ起こったのか」編集委員会
発行者 ―――――― 平田　勝
発行 ――――――― 花伝社
発売 ――――――― 共栄書房
〒101-0065　東京都千代田区西神田2-5-11 出版輸送ビル２F
電話　　03-3263-3813
FAX　　03-3239-8272
E-mail　　info@kadensha.net
URL　　http://www.kadensha.net
振替　　00140-6-59661
装丁 ――――――― 佐々木正見
印刷・製本 ――― 中央精版印刷株式会社

ISBN978-4-7634-0970-6 C0036